高等职业教育土建专业系列教材

核电建筑概论

主 编 卢晓峰 廖克斌
主 审 张明皋

南京大学出版社

图书在版编目(CIP)数据

核电建筑概论 / 卢晓峰,廖克斌主编. --南京：
南京大学出版社,2023.8
ISBN 978-7-305-27031-4

Ⅰ.①核… Ⅱ.①卢… ②廖… Ⅲ.①核电厂-建筑
设计-高等职业教育-教材 Ⅳ.①TU271.5

中国国家版本馆 CIP 数据核字(2023)第 098077 号

出版发行 南京大学出版社
社　　址 南京市汉口路 22 号　　　　邮　编　210093
出 版 人 王文军
书　　名 **核电建筑概论**
主　　编 卢晓峰　廖克斌
责任编辑 朱彦霖　　　　　　　　编辑热线　025-83597482
照　　排 南京开卷文化传媒有限公司
印　　刷 南京新洲印刷有限公司
开　　本 787 mm×1092 mm　1/16　印张 8.25　字数 168 千
版　　次 2023 年 8 月第 1 版　2023 年 8 月第 1 次印刷
ISBN 978-7-305-27031-4

定　　价 28.00 元
网　　址:http://www.njupco.com
官方微博:http://weibo.com/njupco
微信服务号:njuyuexue
销售咨询热线:(025)83594756

前　言

"核电建筑概论"作为土建施工类专业的一门专业课程,主要阐述了核电站建设的重要性、发展历程、核电站建设时核电建筑的基本构造和核电施工特点等方面的内容。通过本课程的学习,学生将对核电建筑及其施工技术有一个概貌的了解,为后续课程的学习做好铺垫,这是编者编写本教材的出发点。

针对高等职业教育中建筑工程、工程管理、工程监理等土建及管理类各专业学生的能力培养,工程造价等专业学生的能力拓展,本书在编写时着重把基本概念介绍清楚,同时尽可能地对核电建筑各类工程的适用条件、构造特点以及施工技术参数等作较为详细的介绍,力求给学生呈现一个系统、全面的知识体系,并适应不同学时的教学要求。教材内容按照章、节的体例编写,力求精练,注重理论联系实际,突出职业教育的教材特点。

全书共分为五个单元,分别为:核电发展概况、核电站的一般工作原理、压水堆核电站、核电站建、构筑物及其特点、核电工程的土建施工等五个方面。

本书由扬州工业职业学院卢晓峰、廖克斌主编,由中国核工业华兴建设有限公司张明皋研究员级高工主审,并提了很多宝贵意见。

本书在编写过程中,得到了编者所在单位领导、中核华兴公司领导、南京大学出版社领导和编辑的大力支持与帮助,在此表示深深的谢意。本书参考和引用了有关教材、科技文献及部分网络资源内容,作者未能一一联系,其中绝大部分已在本书参考文献中列出,但也难免有遗漏,编者在此一并表示衷心的感谢。

由于编者水平有限,书中难免存在疏漏、错误和不妥之处,有些内容还不够完善,恳请广大读者提出宝贵意见,以便进一步提高本教材的质量。

编者

2023 年 5 月

目 录

第一章
核电发展概况

一、能源状况概述

能源是人类社会发展、生产技术进步的推动力，是人类生存与文明的基础。

世界各个发达国家的经验表明，经济发展取决于能源的开发和利用，人均能耗已成为衡量一个国家生产水平和生活水平的重要标志。经济越发达，对能源的需求量也越大；机械化、自动化水平越高，对能源的依赖性也越强。因此，能源的发展与其他生产的发展是成正比的，这一点又称为"能源超前规律"。

电力是一种重要能源，但它不是从自然界直接得到的，而是从煤炭、石油、水力、核能等转换而来的，因此被称为二次能源。电力因可以集中生产、便于输送和分配、易于转换成其他形式的能量、没有污染以及使用简便而在各种能源中占有特别重要的地位。

我国幅员辽阔，能源资源的总储量较大，但人均资源储量低于世界平均水平，分市也不太平衡。我国有丰富的煤炭和水力资源，煤炭的探明储量位居世界第三，水力资源的理论储量占世界首位，还有较丰富的石油和天然气，核能资源也比较丰富。在经济比较发达的华东、华南和东北沿海省市，电力需求量很大，但严重缺能，煤炭资源缺乏，可开发的水力资源也不足。近几年的冰雪灾害，更加凸显了我国电煤紧张导致的供电问题。

从长远的眼光看，煤、石油、天然气、水力等资源正在逐渐减少。按照现在的发展速度计算，未来几十年，石油、煤炭、天然气行将枯竭，同时煤电受到节能减排等方面的限制，风电、水电、太阳能、核电等清洁能源的发展迫在眉睫。利用核能、发展核电是改善能源供应的最为有效的一条途径。

二、核能的利用

核能的开发和利用是 20 世纪出现的最重要的高新技术之一。

核能是由原子核发生反应而释放出来的巨大能量。与化学反应和一般的物理变化不同,在核能生成的过程中,原子核发生变化,由一种原子变成了其他原子。核能可分为两种,一种是核裂变能,另一种是核聚变能。

核裂变反应是由较重原子核分裂成为较轻原子核的反应。例如,一个铀-235($^{235}_{92}U$)原子核在中子的轰击下可裂变成两个较轻的原子核。

1 kg 铀-235 裂变时可放出 8.32×10^{13} J 的能量,相当于 2 000 t 汽油或者 2 800 t 煤燃烧时释放出来的能量。

氢有三种同位素,氕(^1_1H),符号为 H,质量数为 1,是氢的主要成分;氘(^2_1H,又称为重氢),符号为 D,质量数为 2,可用于热核反应;氚(^3_1H,又称超重氢),符号为 T,质量数为 3,可用于热核反应。

核聚变反应是由较轻原子核聚合成为较重原子核的反应。例如,氘和氚的原子核结合在一起生成氦核,这个过程可以释放出核聚变能。

1 kg 氘聚变时放出的能量为 3.5×10^{14} J,相当于 4k 铀。如果能实现可控核聚变,则一桶水中含有的聚变燃料就相当于 300 桶汽油。不过,目前核聚变的利用技术还在开发过程中,预计到 2050 年前后才能实现大规模商业化应用。

在燃用化石燃料的火电站中,化石燃料在锅炉中燃烧时,燃料中的碳原子和空气中的氧原子结合并放出能量,这种能量称为化学能。化学能是由于原子结合和分离使电子的位置和运动发生变化而产生的,与原子核无关。原子由原子核和电子组成;原子核又由质子和中子组成,两者统称为核子。如果设法使原子核发生分离或结合(裂变或聚合),使核子之间强大的吸引力释放出来,则同样能放出巨大的能量,这种能量称之为核能。1938 年德国科学家奥托·哈恩用中子轰击铀原子核,发现重原子核的裂变现象。当中子以一定速度与重原子核(如铀-235)碰撞并被其吸收后,后者会出现不稳定并分裂成两片,同时产生 2～3 个中子并放出热量。这些中子又去轰击其他铀核使其裂变并产生更多中子和热量,这种连续不断的核裂变过程称为链式反应。显然,只要控制中子数的多少就能控制链式反应的强度。常用方法为利用善于吸收中子的材料制成的控制棒的位置变化来控制链式反应的中子数目。此外,中子的速度是非常快的,必须应用慢速剂将其降速后才能使重原子核裂变。通常将能实现大规模可控核裂变链式反应的装置称为核反应堆,其中一般装有核燃料棒、控制棒、慢速剂及将热量带出的冷却剂。在火电站中,化石燃料在锅炉中燃烧产生的热量使水产生蒸汽并推动汽轮发电机组发电。在核电站中,核反应堆内核燃料持续裂变产生的热量使水等冷却工质产生蒸汽推动汽轮发电机组发电。因而在早先的锅炉书籍中也将反应堆及产生蒸汽的蒸汽发生器统称为原子锅炉,这两种电站除热量来源不同外,其余工作原理基本上是类似的。

1942 年 12 月 2 日,在英国芝加哥大学原阿隆·史塔哥(Alonzo Stagg)运动场西看台下面的网球厅内,以著名意大利物理学家恩里科·费米(Enrico Fermi,1901—1954)领导的研究小组首次在"芝加哥一号"(Chicago Pile-1,CP-1)核反应堆内实现了人工自持核裂变链式反应,达到了运行临界状态,实现了受控核能释放。当时正处于第二次世界大战期间,核能主要为军用服务,配合原子弹的研制。美国、苏联、英国和法国先后建成了一批钚生产堆,随后开发了潜艇推进动力堆。在第二次世界大战末期,美国就用铀 235 和钚制造了三颗原子弹,分别起名为"小男孩""胖子"和"瘦子",并使用其中的两颗,于 1945 年 8 月 6 日和 9 日轰炸了日本的广岛、长崎,使这两座城市在大火和疾风中化为废墟,显示了原子反应的巨大威力:原子弹爆炸是用中子轰击铀 235 的原子核、使其产生裂变。原子核裂变放出的能量很大,1 kg 铀 235 全部裂变释放的能量相当于 2 万吨 TNT 炸药爆炸时放出的能量。

核武器带给人类的是沉重的阴影,以至于很多人谈核色变,有良知的科学家们都在极力反对核武器的发展和扩散。但是,核能发电给人类带来的却是绿色和光明。

从 20 世纪 50 年代开始,核能从军用向民用发展。在 2004 年,全世界核电发电总量 2.6 万亿 kW·h,占当年全世界发电总量的 16%,美国、英国、法国、德国、日本等发达国家核电的比例都超过了 20%,其中法国高达 78%。截至 2006 年 1 月,全世界 30 个国家和地区共有 443 台核电机组在运行,总装机容量约为 370 GW。核电站的种类也从原始的石墨水冷反应堆发展到以普通水、重水、沸水、加压沸水为慢化剂的轻水堆、重水堆、沸水堆和先进沸水堆等;同时还有 700 多座用于舰船的浮动核动力堆、600 多座研究用反应堆。目前来看,核能发电不仅十分安全,也比较清洁、经济。一座 100 万 kW 的火电厂,一年要烧 270 万—300 万吨煤,排放出 600 万吨二氧化碳、约 5 万吨二氧化硫和氮氧化物,以及 30 万吨煤渣和数十吨有害废金属。而一座 100 万 kW 的核电站,一年只消耗 30 吨核燃料,而且不排放任何有害气体和其他金属废料。同时,煤炭和原油还是不可再生的宝贵化工原料,发展核电不仅可以把这些资源节省下来留给子孙后代,还能有效改善人类的生存环境。

我们如今面临着使用化石燃料带来的环境问题,而核能作为一种安全清洁能源,有助于突破能源、交通、环保瓶颈,是今后一段时期内能够切实解决能源稀缺问题的希望。核能是一次能源的重要组成部分,核电在能源价格上有优势,而且更稳定,因此它是除化石燃料之外能够提供大规模电力的清洁能源。只有核电可在短期内实现安全又经济的大规模工业化发电。我国目前完全掌握了核电技术,已建成了多座核电站,具有大量核电人才,按照国家发展规划,2020 年核电发电量将达 1 800 万kW·h左右,核电实现总装机容量要超过 7 000 万 kW,发电量占全国发电总量的 4%～6%。因此中国核电已经进入了快速发展之路,即将成为核电大国。

三、核电在能源结构中的地位

由于全球化石能源的过度使用,使其储量迅速减少并将在 150 年内枯竭,而人口迅速增长和经济发展需要更多的能源。当今全球人口为 70 亿,到 2050 年将增至 90 亿。据国际能源局估计,到 2030 年全球能源需求将比目前增加 50%,中国经济在粗放型模式下快速发展,能源利用率不高,能源供需矛盾突出。当前能源缺口为 8%,2030 年将缺 20%,2050 年将缺 30%。中国化石能源如无新储量发现将在近 50 年内枯竭。在环境方面,全球温室气体二氧化碳等增加迅速,导致冰川消融,海平面升高,自然灾害频发。中国在能源消耗和二氧化碳排量方面均已占全球首位。所以需节能减排,发展清洁高效、可持续发展的新能源,以便过渡到未来的可持续发展能源时期。对中国而言,更需改变当前以煤为主的不合理能源结构。核能发电在安全性、经济性、环保性和稳定性方面均有其固有的特点,因而在能源结构中占有重要地位。

1. 核电的安全性

核电站在选址、设计、建造和运行各阶段均将安全性放在首位,其安全系统要求能确保安全停堆、堆芯冷却和余热导出,设置多道防止裂变物质等放射性物质外泄屏障,反应堆必须在可监测状态下运行,要使事故时放射性物质释放到环境中的可能性降到最低。如第三代核电机组要求堆芯熔化概率低于 10^{-5}/堆年,发生大的放射性泄漏概率低于 10^{-6}/堆年。第四代核电机组的安全性要求还要高。核电站运行时,周围居民实际受到核辐射的放射性剂量是很小的,一般只有 50 $\mu Sv/a$(微西弗/年,其中 Sv 是辐射剂量单位)。人们在海平面高度生活时,从本体环境中受到的放射性剂量就要达到 1 000 $\mu Sv/a$。海拔每增高 500 m,人们受到的放射性剂量会增加 100～200 $\mu Sv/a$。所以核电站运行时对附近人们放射性剂量的增值是不大的,增加致癌危险性仅相当于经常佩带一只夜光表的影响。燃煤电站燃烧产物内含有多种放射性致癌物质如镭、钍等,对同样发电量而言,燃煤电站引起的癌症危险性要比核电站高数十倍。此外,铀裂变产生的热量是同质量煤的 260 万倍,因而同容量的燃煤电站所需燃料量要比核电站多得多。在开矿、加工、运输和电站运行中因事故死亡人数方面,燃煤电站也要比核电站高数十倍。

自 1954 年第一座核电站运行起到目前 440 多座核电站的近 60 年运行过程中共发生了 3 起事故,这些事故均为早期设计不完善和误操作造成的。1979 年美国三里岛核电站事故是由于稳压器卸压阀跳开后不能复位导致失水事故,但当时未查明主要原因,造成了误操作使事态扩大到燃料元件烧毁。由于此堆为压水堆有安全外壳等保护，所以仅导致电站停运但无人员伤亡和放射性泄漏危害环境。1986 年切尔诺贝利核电站事故是至今最严重的核电事故。该反应堆是早期建造的石墨慢化轻水冷却的沸水堆，安全性较差。无安全喷淋、无安全外壳、无二次回路，堆芯有 200 吨能燃烧的石墨。当堆芯失冷后，温度升高，石墨与空气接触燃烧使温度升高造成堆芯熔化。此事故造成 20 多名消防人员死亡，其远期效应除使白俄罗斯和乌克兰的儿童甲状腺癌发病率增加十万分之几外，未对公众产生其他影响。2011 年发生的日本福岛核电事故是由于 9 级地震和海啸引起的。其反应堆是 20 世纪 70 年代早期制造的用轻水作冷却剂和慢化剂的沸水反应堆，无二次回路。其冷却系统是能动性的（需用外界电等能源驱动），地震时自动停堆，但余热尚需冷却。由于海啸摧毁了主冷却系统和备用柴油发电机，使堆芯余热不能及时导出，虽用各种方法人工注入海水冷却，但仍存在燃料棒部分熔化的可能性。其主要问题是设计时只考虑耐 8 级地震及未采用非能动冷却系统（靠自然循环），此外，日本东京电力公司未及时救灾也是造成事故扩大的人为因素。其后果是个别救援人员死亡、22 人受放射性污染，放射性物质增高了空气和海水的污染程度，其影响严重程度介于前两次事故之间。总体而言，核电的安全性高于火电，偶然发生事故，影响也有限。特别是近期设计的第三代核电显著提高了核电安全性，使其成为一种高度安全的可靠能源。以于 2013 年全面具备实施首堆建设条件的中国先进百万千瓦级压水堆核电技术 ACPR - 1000 为例，在吸取福岛核事故经验教训的基础上，在安全性与成熟性等方面进行了一系列重大技术创新。采用了可靠的燃料堆芯和全数字化仪表监控系统，具备三系列安全隔离系统及多样化驱动停堆系统，具有非能动冷却系统及超设计基准事故的应急供电供水系统，并提高了安全停堆的地震等级。其各项设计指标均满足中国最新核安全法规（HAE102），美国的 URD 和欧洲的 EUR 文件的要求，亦即达到了国际第三代核电技术的先进水平。

2. 核电的经济性

核电的特点是基建投资高，但燃料费用小，因此，总的发电成本比火力发电低 30%～50%。比其他可再生能源，如风电和太阳能，发电成本更要低得多。据法国原子能与可替代能源委员会主席毕高测算，目前风电电价是核电的 2 倍到 3.5 倍，太阳能电价为核电的 4 倍到 8 倍，并且两者还要占据大量土地和存在不能保证全年稳定供电的缺点。

3. 核电的环保性和稳定性

核电不释放有毒气体和温室气体，以容量为 1 000 MW 的核电站为例，运行时对大气放射性剂量只有 50 μSv/年，每年有 30 吨高放射性的燃料和 800 吨低放射性废物,管理费为 0.3 美分/(kW·h)。同容量煤电每年排 CO_2 650 万吨,SO_2 4.4 万吨,NO1.3 万吨,灰渣 32 万吨(包括毒物 400 万吨),其管理费用要比核电高 5 倍以上。核电和火电一样可持续稳定发电,可带电网中的基本负荷,不像可再生能源发电机组会因地区、气候、风力、光照等自然因素变化而影响持续稳定的发电工况。

4. 核电在未来能源中的地位

核电因其安全性、经济性和环保性均优于火电且能持续稳定发电等优点,无疑是全球和中国解决化石能源短缺和环境恶化双重压力的有效途径。目前有 60 多个国家考虑发展核电,2030 年将有 10~25 个国家首建核电站。未来 15 年核电站数量可增加一倍,中国正在积极发展核电,到 2050 年中国核电总容量将达 4 亿 kW,占全国发电总容量的份额将从目前的 1% 左右增加到 14.5%。福岛核事故对当前核电发展有一定影响,会造成一些疑虑,但在短期质疑之后,一定会因其优越性而得到迅速发展。全球核电事业的发展是势不可挡的。2050 年后当可控热核聚变发电机组商业化后,核电将成为可持续发展能源时期的重要力量。

四、世界核电发展概况

核电发展阶段如图 1-1 所示。1938 年,德国的哈思和斯特拉斯曼首先发现了铀

第一代

早期试验性原型堆

· 奥布涅斯克实验性核电站
(苏联)
· 卡德豪尔石墨气冷堆(英)
· 希平港压水堆(美)
· 重水慢化研究堆(中)
· 德罗斯顿·费米一号堆(美)
· 天然铀重水堆型(加拿大)
· 天然铀石墨气冷堆(法)

第二代

大型商用核电机组
实现了系列化、标准化

· 压水堆(PWR)
· 沸水堆(BWR)
· 重水堆(CANDU)
· VVER/RBMK
· 石墨水冷堆等

第三代

满足 URD 和EUR 文件
比二代更安全、更高效率

· AP1000
· EPR
· ABWR
· System80+
· AP600
· ACR

第四代

具有固有安全特性
目前处于概念设计和
研发阶段

· 超临界水堆(SCWR)
· 超高温气冷堆(VHTR)
· 钠冷快堆(SFR)
· 气冷快堆(GFR)
· 铅冷快堆(LFR)
· 熔盐堆(MSR)

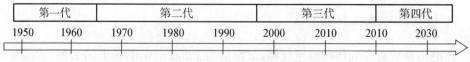

图 1-1 核电发展的几个阶段

的裂变反应,揭开了原子能技术发展的序幕。在费米教授的领导下,美国在 1942 年建成第一座原子反应堆,1945 年制成第一颗原子弹,1951 年 12 月 20 日,美国的一个反应堆开始发电,点亮了 4 盏灯泡;1954 年,苏联建成世界上第一座核电站,6 月份发电,功率为 5 000 kW。这一时期的核反应堆技术以军事应用为主,逐步向民用转化。进入 20 世纪 50 年代之后,核能的和平利用技术开始得到快速发展。

目前,国际上通常把核电技术的发展划分成四个阶段。第一个阶段是 20 世纪的五六十年代,是核电大规模商业化应用之前的实验验证阶段,其中比较典型的有美国的希平港压水堆核电站,它是较早的商业运行核电站,装机容量为 60 MW,1957 年 12 月首次临界,1982 年 10 月关闭。该反应堆最初是作为航母的动力装置设计的,后改为医用,且于 1977 年改为轻水增殖堆。还有英国发展的镁诺克斯合金核反应堆技术,采用二氧化碳作为冷却剂,石墨作为慢化剂,镁诺克斯合金作为包壳材料。该技术的首次应用是英国的卡德霍尔核电站,1956 年 3 月并网发电,2003 年 3 月关闭,该种核反应堆技术目前已被淘汰。这一阶段的核反应堆技术被称为第一代核能系统。

20 世纪 50 年代末期到 70 年代末期是核电站发展的高潮期。继苏联建成核电站之后,美国研制了轻水反应堆(轻水压水堆和轻水沸水堆),英国和法国发展了气冷反应堆,加拿大发展了坎杜型重水反应堆。利用核裂变的核电站已经达到了技术上走向成熟、经济上有竞争力、工业上大规模推广的阶段。特别是能源危机的影响,使很多经济发达国家把发展核电放在重要的位置。到 1979 年底,已有 22 个国家和地区建成核电站反应堆共 228 座,总容量 1 亿 3 千多万 kW,其发电量占全世界发电总量的 8%。

20 世纪 80 年代,核电的发展比较缓慢,核电发展进入了低潮期,主要原因是:① 工业国家发展趋于平稳,产业结构由高能耗向高技术、低能耗的方向调整,能源供给不足的局面得到缓解;② 核电的安全性受到社会的进一步关注,特别是美国三里岛事故和苏联的切尔诺贝利事故,使核电的发展受到很大影响。

20 世纪 80 年代到 90 年代,许多发展中国家、特别是亚洲很多国家经济的迅速发展,对能源的需求日益加大,同时人们对核电技术及其安全性也有了更充分的认识,促进了核电的快速发展。到 1998 年,世界上已有核电机组 429 台,装机容量达 345 407 MW,其中美国 104 台,英国 35 台,俄罗斯 29 台,韩国 14 台,日本 52 台,印度 10 台,法国 58 台,我国大陆 3 台,我国台湾 6 台。新建核电站主要在发展中国家。

20 世纪 60 年代后期至 21 世纪初世界上大批建造的、单机容量在 600～1 400 MW 的标准型核电站反应堆称为第二代核能系统,目前世界上在运行的核电机组基本上都是第二代核能系统。和第一代核能系统不同的是,第二代核能系统是基于几个主要的反应堆技术形式,每种堆型都有多个核电站应用,是标准化和规模化的核能利用。第二代核能系统的堆型分布为:PWR(轻水压水堆)约为66%(290 GW);BWR或ABWR(沸水堆和先进沸水堆)约为22%(97 GW),PHWR(重水压水堆)约为6%(26 GW);其他堆型为6%。全球已建核电站的反应堆堆型分布如图1-2所示。

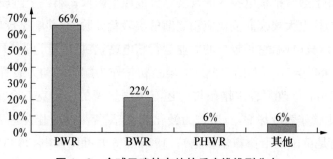

图1-2　全球已建核电站的反应堆堆型分布

第二代核能系统是20世纪80年代开始发展、90年代中期开始投放核电市场的先进轻水堆,主要包括GE公司的先进沸水堆,法国法马通和德国西门子公司联合开发的欧洲压水堆(EPR),ABB-CE公司开发的系统80,以及西屋公司开发的AP600。第三代核能系统是在第二代核能系统的基础上进行的改进,均基于第二代核能系统的成熟技术,提高了安全性,降低了成本。第三代核能系统研发的市场定位是欧英等发达国家20世纪90年代末期至21世纪初期的电力市场。由于第二代核电站的设计寿命一般为40年,20世纪60年代前后建设投运的一批核电站将在20世纪末和21世纪初相继开始退役,核电会有一定的市场发展空间。不过,实际上,第三代核能系统的市场竞争力较弱,主要原因是:全球电力工业纷纷解除管制,进行电力工业的市场化改革,而核电系统的初投资太高、建设周期长,因此投资风险较大,在自由竞争的电力市场中吸引投资的能力较弱;同时,核电站的退役费用较高,很多第二代核电站倾向于采用延寿技术推迟退役时间。因此,第三代核能系统只能进一步改进,主要是降低成本和缩短建设周期,这种改进的第三代核能系统也称为"第三代+"核能系统,典型的如西屋公司的AP1000。

21世纪初,在美国的倡导下,一些国家的核能部门开始着手联合开发第四代核能系统。按预期要求,第四代核能系统应在经济性、安全性、核废处理和防扩散等方面有重大变革和改进,在2030年实现实用化的目标。目前,第四代核能系统处于概念设计和共键技术研发阶段。

五、中国核电发展概况

中国核电站的建设始于 20 世纪 80 年代中期,大致可分为以下几个阶段。

1985～1995 年为起步阶段。首台核电机组装在秦山核电站,1985 年开工,1994 年商业运行,电功率为 300 MW,为中国自行设计建造和运行的原型核电机组,采用压水堆型反应堆。使中国成为继美、英、法、苏联、加拿大和瑞典后全球第 7 个能自行设计建造核电机组的国家。1982 年从法国引进大亚湾核电机组(2×980 MW),1987 年开工,1994 年投运。

1996～2006 年为推广应用阶段。建成秦山二期、三期、岭澳一期和田家湾等 4 座核电站的 8 台核电机组,总装机容量<10 000 MW,还出口了一台容量为 300 MW 的核电机组到巴基斯坦。在此期间,核电装机容量仅占中国发电总装机容量的 1% 左右。2006 年底中国政府确定了核电要走引进、消化、吸收、再创新的发展道路。

2007～2020 年为稳步推进阶段。鉴于国际核电事故和中国能源发展计划,中国确定要在确保安全的基础上高效发展核电。要优先安排沿海核电建设,稳步推进内陆核电项目,同时要切实抓好在役核电机组的安全运行和在建项目的安全建设。在第十二个五年计划期间要有序开工田家湾二期、红沿河二期、三门二期、海阳二期等项目,适时建设桃花江一期、大畈一期和彭泽一期工程。到 2020 年核电装机容量达 70 000 MW,为以前容量的 7 倍。使核电装机容量占总电力装机容量上升到4.4%。

1999 年后国际核电界将核电机组分为四代。第一代指 20 世纪 50 年代到 60 年代初建成的试验堆和原型堆核电机组。第二代指 20 世纪 60 年代中期到 70 年代建成的单机组容量在 600～1 400 MW 的标准型核电站,是当今运行的 440 多台核电机组的主体。第三代核电机组为在第二代基础上进一步提高安全性和经济性并在近期可建造的商用核电机级。第四代核电机组指待开发的具有创新技术的核电机组,比上一代具有更好的安全性和经济性,核废料少,核资源利用率高,其全寿命成本应比其他能源有明显优势,预计 2030 年后开始商业化。

中国现有的核电机组主要为第二代及其改进型压水堆机组,应发挥已有的成熟技术稳步发展沿海及内陆核电站。同时正积极试验和掌握第三代核电技术。中国已引进美国第三代核电技术 AP-1000,并作为自主化依托项目建设浙江三门和山东海阳两个核电站的 4 台百万 kW 级核电机组,4 台的国产化率分别为 30%,50%,60% 和 70%。第 5 台基本实现国产化。

在发展第四代核电机组方面,中国在发展高温气冷堆和钠冷快堆方面取得了重要进展。20 世纪 80 年代中期在清华大学开展了高温气冷堆的研发工作(10 MW),2003 年满功率并网发电,是世界上唯一运行的模块式球床高温气冷堆(HTR-10)。

2008 年决定在此基础上在山东荣成建 200 MW 的示范核电站。经两年审查合格动工建设。在钠冷快堆研发方面,中国原子能科学院在 2000 年建造钠冷实验快堆,电功率 20 MW。2010 年已达临界,国产化率达 70%,2011 年 7 月成功并网发电,安全性已达到第四代要求,为中国快堆产业化打下坚实基础。现已成立"快堆产业化技术创新战略联盟"以促进中国快堆核电的产业化进程。

在可控热核聚变反应堆研究方面,中国 1984 年建成可控热核聚变反应装置——中国环流 1 号,1994 年又建成中国环流器新 1 号装置,1999 年中国科学院等离子物理研究院的 HT-7 超导托卡马克试验装置获得稳定的可重复的等离子体。2002 年中国环流器 2 号(HL-2A)投入运行,使中国磁约束热核聚变研究进程加快,等离子体参数更接近聚变反应堆的要求。此装置与正在建造的国际热核聚变实验堆(ITER)相似,在国际上为中型装置,增强了中国参加 ITER 计划的实力。

我国现已建成独立完整的核科技工业体系,成为世界上为数不多的几个拥有完整核科技工业体系的国家之一。我国大陆已建核电机组见表 1-1。

表 1-1　我国大陆已建核电机组(截至 2021 年 12 月底)

核电站名称		反应堆类型	额定功率(兆瓦)	商业运行日期
秦山一期		压水堆	310	1994-4-1
秦山二期	1 号机组	压水堆(CNP650)	2×650	2002-4-15
	2 号机组			2004-5-3
秦山三期	1 号机组	重水堆(CANDU6)	2×700	2002-12-31
	2 号机组			2003-7-24
大亚湾	1 号机组	压水堆(M310)	2×983.8	1994-2-1
	2 号机组			1994-5-6
岭澳一期	1 号机组	压水堆(CPR1000)	2×990.3	2002-5-28
	2 号机组			2003-1-8
田湾一期	1 号机组	压水堆(VVER)	2×1 060	2007-5-17
	2 号机组			2007-8-16
岭澳二期	3 号机组	压水堆(CPR1000)	1 080	2010-9-20
	4 号机组		1 080	2011-8-7
秦山二期扩建	1 号机组	压水堆(CNP650)	2×650	2010-10-21
	2 号机组			2012-4-8
宁德核电站	1 号机组	压水堆(CPR1000)	1 089	2013-4-18
	2 号机组	压水堆(CPR1000)	1 089	2014-5-4

续 表

核电站名称		反应堆类型	额定功率（兆瓦）	商业运行日期
红沿河核电站	1 号机组	压水堆（CPR1000）	1 118.79	2013 - 6 - 6
	2 号机组	压水堆（CPR1000）	1 118	2014 - 5 - 13
防城港核电站	3 号机组	华龙一号（HPR1000）	1 089	
	4 号机组	华龙一号（HPR1000）	1 089	
福清核电站	5 号机组	华龙一号（HPR1000）	1 080	2021 - 1 - 30
	6 号机组	华龙一号（HPR1000）	1 080	2021 - 12

1. 秦山核电站

秦山核电站是我国自行设计建造的第一个实验型反应堆核电站,1985 年开工建设,1991 年并网发电。反应堆为双回路轻水压水堆,功率为 300 MW,主要是为积累核电经验。实际上,建设核电站的任务早在 1970 年就已列入党中央和国家领导人的重要议事日程。1970 年 2 月 8 日,时任国务院总理的周恩来在听取上海市缺电情况汇报后说:"从长远看,要解决上海和华东用电问题,要靠核电。二机部不能光是爆炸部,要搞原子能发电。"因此,秦山核电工程最初命名为"728 工程"。不过,受当时社会政治环境的影响,核电发展的初期走了很多弯路,在核反应堆堆型的选择上主观反对国外建设核电站普遍采用的压水堆技术,而盲目选用了"熔盐增殖堆"(该堆型目前国际上仍在研究开发之中,尚未实现规模化应用,是第四代核能系统的概念设计堆型之一)。在当时的技术条件下,开发该种堆型是不可行的。为此,一批专家提议改变设计堆型,1974 年 3 月 31 日,在周恩来总理主持的中央专门会议上批准采用压水堆技术,研制、建设 300 MW 试验性原型反应堆,我国压水堆核电站的研究、设计进入正常轨道。但到了 1979 年 3 月 28 日,美国三里岛核电站 2 号机组发生了由于一系列人为误操作引起的堆芯失水熔化的重大事故,带有放射性的气体从电站通风系统中外逸。尽管事故未对周围环境和居民健康造成危害,但在美国国内引起了较大的核电恐慌,也对我国的核电计划造成了巨大的压力,核电的科研设计工作再次陷入停顿。1981 年 10 月 31 日,国务院正式批准建设我国大陆第一座 300 MW 压水堆核电站,1982 年 4 月正式确定浙江省海盐县秦山为核电站厂址,1982 年 12 月 30 日,我国政府向全世界郑重宣布了建设秦山核电站的决定。

1985 年 3 月 20 日,秦山核电一期工程正式开工建设,1991 年 8 月 8 日全部燃料组件装填完毕,1991 年 10 月 31 日反应堆首次临界,1991 年 12 月 15 日发电并网成功。秦山核电站是我国第一座自行设计、建造的核电站,实现了我国核电事业"零"的突破,是我国核电发展史上的一个重要里程碑。

秦山核电一期工程实际建成总投资 17.75 亿元,比投资为 5 916 元/kW,约合 713 美元/kW。项目建成投运以来,运行业绩良好,为我国核电事业积累了宝贵的经验,培养了大批国家急需的核电人才。目前,该种堆型已出口巴基斯坦,其中第一台 300 MW 核电机组已于 2000 年 9 月投入商业运行,第二台机组于 2006 年 1 月开工建设。

图 1-3　中国内地首座核电站—秦山核电一期(300 MW)

2. 大亚湾核电站

广东大亚湾核电站位于广东省深圳市东部大鹏半岛大亚湾畔,是我国大陆引进国外资金、先进技术和管理经验,建设和运营的第一座大型商业核电站,堆型为轻水压水堆,有两台额定功率为 900 MW 的核电机组,其核岛和常规岛设备分别由法国法玛通公司和英法通用电气——阿尔斯通公司供应,由广东核电合营有限公司负责建设和营运。广东核电合营有限公司注册资本 4 亿美元,其中广东核电投资有限公司出资 3 亿美元,占股 75%;香港核电投资有限公司出资 1 亿美元,占股 25%。大亚湾核电站总投资约 40.7 亿美元,除资本金 4 亿美元外,其余通过中国银行从国外筹措出口信贷和商业贷款,2008 年 7 月 4 日,大亚湾核电站按计划偿还最后一笔基建贷款,累计偿还贷款本息共计 56.74 亿美元,成功实践了"借贷建设、售电还贷"的经营模式。大亚湾核电站于 1987 年 8 月 7 日开工建设,两台机组相继于 1994 年 2 月 1 日和 5 月 6 日投入商业运行,所生产电力 70% 供应香港,30% 供应广东。

图 1-4　大亚湾核电站

3. 秦山二期核电站

秦山二期核电站是我国首座自主设计、自主建造、自主管理、自主运营的 2×650 MW 商用压水堆核电站,由中国核工业集团公司控股。反应堆堆型为轻水压水堆(PWR,Presure water reator).是国家批准的"九五"开工建设的第一座核电工程。1996 年 6 月 2 日,秦山核电二期主体工程正式开工,两台机组分别于 2002 年 4 月 15日、2004 年 5 月 3 日投入商业运行,使我国实现了由自主建设小型原型堆核电站到自主建设大型商用核电站的重大跨越,为我国自主设计、建设百万千瓦级核电站奠定了坚实的基础,并对促进我国核电国产化发展发挥了重要作用。

秦山二期核电站全面贯彻了国家制定的"以我为主、中外合作"的方针,并通过自主设计、建设,掌握了核电的核心技术,创立了我国第一个具有自主知识产权的商用核电品牌——CNP650,实现了国家建设秦山二期核电站的目标。核电站采用当今世界上技术成熟、安全可靠的压水堆堆型,设计与建设均采用国际标准,根据 20 世纪 90年代国际先进压水堆核电站的要求,在堆芯设计、安全系统设计等核电站安全性、可靠性和经济性方面取得了多项创新性成果。通过优化设备设计和系统参数,有效提高了核电机组的出力,最大出力可达 689 MW,平均出力为 570 MW,高于 600 MW 的设计值。秦山二期核电站的设备国产化率达到了 55%,通过该项目的建设,提升了我国核电设备制造的能力。其中,在 55 项关键设备中,有 47 项基本实现了国产化。

秦山二期核电站比投资为 1 330 美元/kW,是国内已经建成的商用核电站中最低的。

4. 岭澳核电站一期

岭澳核电站一期工程设计装机容量为 2×984 MW,堆型为轻水压水堆,由广东核电集团公司建设和营运,法国法马通公司总包。相当于是大亚湾核电站的翻版。主体工程于1997年5月15日正式开工,2003年1月建成投入商业运行。

该工程的设备提供情况为:法国法马通公司为工程总承包,国内从法马通公司和GEC阿尔斯通公司手中分包了部分技术含量较高的设备在国内生产,如蒸汽发生器、稳压器等关键设备由东方锅炉厂和法国夏龙厂合作生产。汽轮机和发电机的静子部分包给东方汽轮机厂和电机厂生产,转子部分由法国提供。法国德拉斯公司选择了杭州锅炉厂和哈尔滨锅炉厂为常规岛辅机部分的分包商。

岭澳核电站一期以大亚湾核电站为参考,结合经验反馈、新技术应用和核安全发展的要求,实施了52项技术改进。全面提高核电站整体安全水平和机组运行的可靠性、经济性,实现了部分设计自主化和部分设备制造国产化,整体国产化率达到30%,因此降低了投资,比投资约为1 700美元/kW。

5. 秦山三期核电站

秦山三期(重水堆)核电站是国家"九五"重点工程,中国和加拿大两国政府迄今最大的贸易项目。由加拿大原子能源有限公司(ACEL, Atomic Energy of Canada Limited)投资、设计、建设并运营,它采用加拿大坎杜6重水堆核电技术,装机容量2×728 MW,设计寿命40年,设计年容量因子85%,运行20年后产权和管理权归中国。主体工程于1998年开工建设,2003年7月全面建成投产。工程比中加主合同规定的进度提前112天全面建成投产,创造了国际33座重水堆建设周期最短的纪录。2005年9月22日,工程通过国家竣工验收。该电站核电设备主要加拿大进口,国内分包和合作的份额较小,电站建设的比投资约为1 790美元/kW。

在工程建设中,秦山三期工程实现了国际水准的工程建造自主化、调试自主化、生产准备自主化、运营管理自主化;建立了"垂直管理,分级授权,相互协作,横向约束,规范化、程序化和信息化运作"管理模式,实现了工程管理与国际接轨;工程全部104个单位工程评为优良,优良率为100%;提前112天全面建成投产,比国家批准的投资概算节约10.6%;电站各项指标满足设计要求,是目前世界上先进水平的坎杜6型机组,为我国核电发展积累了宝贵的经验。

进入生产运营期后,秦山三核通过公司各级组织和全体员工的共同努力,两台机组保持安全可靠经济运行。公司连年实现年度安全目标并超额完成年度发电目标和利润指标;一号机组在整个第三次循环周期中实现不停堆连续安全运行463天;坚持自主科技创新,两台机组功率成功提升8 MW。电站整体运营水平在国际同类型核电站中名列前茅,公司核心竞争力持续增强。至2008年底,秦山三核已累计安全发电631亿kW·h,相当于少消耗标准煤2 136万吨,为长三角经济的高速发展注入了强劲的动力。环境监测结果表明,电站自投入运营以来未对其周围环境产生影响。

取得了良好的经济效益、环境效益和社会效益。

6. 田湾核电站

田湾核电站位于江苏省连云港市连云区田湾,一期工程建设 $2 \times 1\,060$ MW 的俄罗斯 AES-91 型压水堆核电机组,设计寿命 40 年,年平均负荷因子不低于 80%,年发电量达 140 亿 kW·h,由中国核工业集团公司控股建设。

田湾核电站采用的俄 AES-91 型核电机组是在总结 WWER-1000/V320 机组的设计、建造和运行经验基础上,按照国际现行核安全和辐射安全标准要求,并采用一些成熟的先进技术而完成的改进型设计,在安全标准和设计性能上具有起点高、技术先进的特点。田湾核电站的安全设计优于当前世界上正在运行的绝大部分压水堆核电站,其安全设计在某些方面已接近或达到国际上第三代核电站水平。电站采取"中俄合作,以我为主"的建设方式,俄方负责核电站总的技术责任和核岛、常规岛设计及成套设备供应与核电站调试,中方负责工程建设管理、土建施工、围墙内部分设备的第三国采购、电站辅助工程和外围配套工程的设计、设备采购及核电站大部分安装工程。

田湾核电站于 1999 年 10 月 20 日正式开工。2006 年 5 月,1 号机组并网成功,2007 年 5 月,2 号机组并网发电,电站建设比投资为 1 511 美元/kW。

7. 清华大学 10 MW(热功率)高温气冷堆

清华大学 10 MW(热功率)高温气冷堆是国家 863 计划重大科技项目,由清华大学核能技术设计研究院设计和建造。该项目于 1992 年经国务院批准立项,1995 年 6 月动工兴建,2000 年 12 月建成并实现临界,2003 年 1 月顺利实现 10 MW 热功率满负荷运行。该反应堆是我国自行研究开发、自主设计、自主制造、自主建设、自主运行的世界上第一座具有非能动安全特性的模块式球床高温气冷实验堆。该反应堆的建造表明我国在高温气冷堆技术领域已达到世界先进水平。

我国在 2006 年 2 月发布的《国家中长期科学和技术发展规划纲要(2006—2020年)》中,将大型先进压水堆及高温气冷堆核电站确定为 16 个重大科技专项之一。高温气冷堆具有安全性好、温度高、用途广等特点,是具有第四代核能利用系统主要技术特征的先进核能技术,也是目前国际上发展第四代核能系统的优选堆型之一。高温气冷堆技术的开发,对于提升我国的自主创新能力、优化能源结构、实现经济与社会可持续发展具有重要意义。

8. 中国实验快堆

中国实验快堆(热功率为 65 MW,电功率为 20 MW)也是国家 863 计划重大科技项目,于 2000 年 5 月开工建设,2002 年 8 月完成了核岛厂房封顶,2010 年 7 月 21 日首次达到临界。

9. 华龙一号的开发与建设（HPR1000）

为响应国家充分利用清洁能源与绿色能源的号召,满足我国核电"走出去"战略和自身发展需要,2013 年 4 月 25 日,中国国家能源局主持召开了自主创新三代核电技术合作协调会,中广核和中核同意在前期两集团分别研发的 ACPR1000＋和 ACP1000 的基础上,联合开发"华龙一号"(图 1－5)。

图 1－5 华龙一号核电站效果图

2014 年 8 月 22 日,"华龙一号"总体技术方案通过国家能源局和国家核安全局联合组织的专家评审。专家组一致认为,"华龙一号"成熟性、安全性和经济性满足三代核电技术要求,设计技术、设备制造和运行维护技术等领域的核心技术具有自主知识产权,是目前国内可以自主出口的核电机型,建议尽快启动示范工程。为此,两集团签署《关于自主三代百万千瓦核电技术"华龙一号"技术融合的协议》,并将该技术投入到核电站建设中。目前,国家已同意依托中广核防城港核电站 3、4 号机组和中核福清 5、6 号机组建设"华龙一号"国内示范项目(图 1－6)。

图 1－6 华龙一号核电站现场图

华龙一号作为中国核电"走出去"的主打品牌,在设计创新方面,提出"能动和非能动相结合"的安全设计理念,采用 177 个燃料组件的反应堆堆芯、多重冗余的安全系统、单堆布置、双层安全壳,全面平衡贯彻了"纵深防御"的设计原则,设置了完善的严重事故预防和缓解措施,其安全指标和技术性能达到了国际三代核电技术的先进水平,具有完整自主知识产权,不仅满足了国内核电建设的需要,还将推广到巴基斯坦等海外国家的核电站建设中,提高了国家核电建设的知名度和国际影响力。

第二章

核电站的一般工作原理

核反应堆是核能和平利用的主要设施。核反应堆的用途很多,可以分为两个大类:一是利用反应堆中核裂变产生的能量,二是利用反应堆中核裂变产生的中子。核裂变的能量以热能的形式释放,直接利用热能的称为核供热,已显示出良好的发展前景;反应堆释热也可以进一步通过热力循环转化为机械能,用于推动舰船,核动力堆在航空母舰、潜艇、远洋商船、破冰船等舰船上都有应用,其突出优点是续航能力强、马力大、航速高。反应堆作为强大的中子源.可以用来生产核燃料、生产放射性同位素、进行中子活化分析、中子照相及科学研究等等。其中,用核反应堆发电是核能民用的最主要的形式,简称核电。

和生产一般商品的工厂不同的是,电厂是生产电能的工厂,其生产过程就是进行能量转换。水电的能量来源是水的势能和运动动能,风电的能量来源是风的运动动能,而运动动能可以直接经过叶轮机械提取成为转动动能输出。一般火电厂是以化石燃料中的化学能作为能量来源的,化石燃料(煤、石油、天然气)通过在锅炉中燃烧将化学能转换为热能,热能经过蒸汽动力循环转换为机械能,再经过发电机转换为电能向外输出。

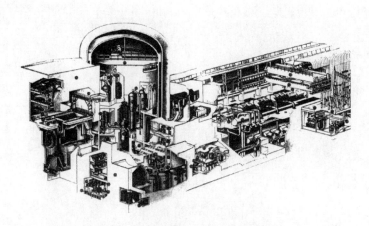

图 2-1　压水堆核电站总体布置图

核电站(核电站)中核裂变能也是以热能的形式利用的,因此,和常规火电厂类似,核电站也要通过蒸汽动力循环来实现热功转换。不同的是,常规火电厂的热能来自锅炉中化石燃料的燃烧,而核电站的热能来自核反应堆中的核裂变反应(物质、能量转换)。在核电站中,反应堆和蒸汽发生器所在的部分称为核岛,汽轮机和发电机所在的部分称为常规岛。一座反应堆和它带动的汽轮发电机组及相应的辅助设备称为一个机组(如图2-1所示)。

一、基本概念

不同的核电站可能采用不同的技术路线,核岛部分有较大区别,对于最常采用的压水堆核电站(如图2-2所示),通常采用两个回路,以屏蔽放射性物质。典型的核岛包括蒸汽生成、供应系统、安全壳喷淋系统和辅助系统。其中,蒸汽供应系统内由一回路(反应堆冷却剂循环系统)及与一回路相连接的系统所组成。一回路的主要设备包括反应堆堆芯、反应堆压力容器、蒸汽发生器、稳压器、主循环泵及管道。一回路中冷却剂的主要作用是将反应堆堆芯产生的热量携带到蒸汽发生器,传给二回路,生产蒸汽。稳压器则用以维持一回路压力的稳定和补偿水在冷态和热态时的体积变化。反应堆安全注射系统的主要作用是当一回路发生失水(如管道破裂事故)时,安全注射系统就作为安全给水系统启动。它主要由高压注射部分、安全注射箱和低压注射部分组成。核反应堆停堆后,燃料元件因裂变产物的衰变而继续发热,余热冷却

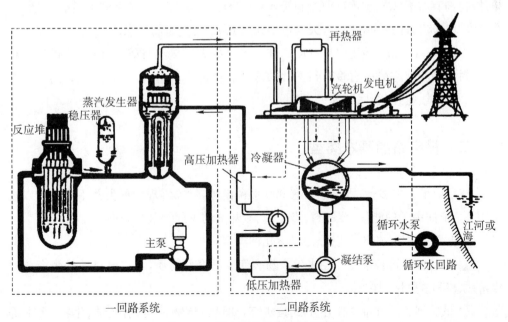

图2-2 压水堆核电站系统示意图

系统用来带走这部分热量,用于停堆、更换燃料及一回路系统发生大量泄漏事故时带走热量,冷却堆芯。安全壳喷淋系统由两条独立的管线组成,当反应堆发生失水事故时,一回路中高温高压的水漏到安全壳中,由于安全壳是密封的,安全壳里的压力和温度都会升高。安全壳喷淋系统的主要作用就是喷淋冷水降低安全壳的温度,使水蒸气凝结成水,从而降低安全壳内的压力。辅助系统通常包括以下几个子系统:① 设备冷却水系统,为核岛中的热交换器提供去除离子的冷却水;② 反应堆腔室和废燃料冷却系统;③ 辅助给水系统,当蒸汽发生器的主给水系统完全失去作用时投入运行;④ 通风和空调系统,用于维持室内的温度和湿度,减少向大气中排放放射性物质;⑤ 压缩空气系统,为调节器、气动阀和安全阀等设备提供压缩空气;⑥ 放射性废物处理系统。

核电站的核岛部分相当于常规火电厂的锅炉系统;常规岛部分则和常规火电厂的汽轮发电机组类似,主要功能是把核蒸汽供应系统提供的热能在汽轮机中转变成机械能,再带动发电机转动而转变成电能。目前,核电站的汽轮发电机组通常采用中温中压、饱和蒸汽并带有中间汽水分离再热器的汽轮机作原动机。这种汽轮机的特点是:一般采用低速汽轮机,汽轮机为单轴,一般有 1 个高压缸和 3~4 个低压缸,而无中压缸;由于蒸汽流量大,一般都把高压缸做成双流,以降低高压缸叶片的高度;在高压缸和低压缸之间的连接管道上装设汽水分离再热器。

核电站的技术特点往往取决于采用的慢化剂和冷却剂。如前所述,慢化剂(moderator)的作用是使裂变中产生的快中子有效地慢化为热中子。核反应堆常用的慢化剂有石墨(C)、重水(D_2O)和轻水(H_2O)。重水(D_2O)是氘和氧的化合物,沸点为 101.43℃,冰点为 3.81℃,天然水中含有 0.015% 左右的重水。

冷却剂(coolant)的作用是将反应堆中产生的大量热能有效地载出,使得反应堆的燃料元件和堆芯结构能够得到正常的冷却。核反应堆中常用的冷却剂有轻水、重水、二氧化碳、氦气、金属钠等。

二、核电站的基本类型

核反应堆有很多种,概念上可有 900 多种设计,目前实现的种类并不多。可以按照用途、堆内中子的能量、核燃料、慢化剂、冷却剂的不同等进行分类。

根据用途,核反应堆可以分为以下几种类型

① 生产堆。这种堆专门来生产易裂变或易聚变物质,其主要目的是生产核武器的原料和放射性同位素。

② 试验堆。这种堆主要用于试验研究,如进行核物理、辐射化学、生物、医学等方面的基础研究,以及反应堆材料、元件、结构材料、堆本身的动静态特性等的研究。

③ 动力堆。这种堆主要用于发电和作为潜艇、舰船、航天飞行器等推进的动力。

④ 供热堆。这种堆用于提供取暖、海水淡化、化工等用途的热量。

根据核燃料类型分为：天然铀堆、浓缩铀堆、钍堆等。

根据堆内中子的能量分为：快中子堆和热中子堆等。

根据冷却剂材料分为：水冷堆、气冷堆、有机介质堆、液态金属冷却堆等。

根据慢化剂材料分为：石墨堆、轻水堆、重水堆、有机堆、熔盐堆、铍堆等。

根据中子通量分为：高通量堆和一般能量堆。

根据热工状态分为：沸水堆、压水堆等。

根据运行方式分为：脉冲堆和稳态堆等。

在核电站中，动力堆主要有轻水堆（包括压水堆与沸水堆）、重水堆、石墨气冷堆和快中子增殖堆。轻水堆是目前最主要的堆型，在已运行的核电站中，轻水堆占85.9%，其中压水堆占61.3%，沸水堆占24.6%。在新建核电站中，90%是轻水堆。如图2-3所示。

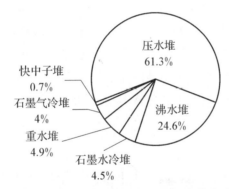

图2-3 现有核电站中各种堆型所占的比重

1. 轻水堆

轻水堆-采用轻水（即普通水 H_2O）作慢化剂和冷却剂。轻水堆（LWR，light water reactor）包括轻水压水堆（PWR，pressurized water reac-tor）和轻水沸水堆（BWR，boiling water reactor），是核电站采用的最主要的堆型。美国在20世纪50年代中期由于发展核潜艇的需要，开始发展轻水压水堆技术，其后，美国的核电技术采用了压水堆和沸水堆并举的路线，但一直以压水堆为主。苏联也是从20世纪50年代开始发展轻水压水堆，俄语简称 VVER。法国在20世纪50年代最早发展的是石墨气冷堆，后来也改为压水堆的技术路线，进行了大规模的核电建设。轻水堆特点是结构和运行比较简单，尺寸小，造价低，具有良好的安全性、可靠性和经济性。目前在已建的核电站中，轻水堆大约占88%。其中轻水压水堆占65%以上，轻水沸水堆占

23%左右。

轻水堆通常采用低浓缩的二氧化铀作燃料,烧结成细长的芯块,装在圆管包壳中。两端密封构成细长的燃料元件棒,然后按 15×15 或 17×17 排成栅阵构成燃料组件。反应堆的堆芯由 100~200 个燃料棒组件和多个控制棒组件构成,置于压力壳中,作为慢化剂和冷却剂的轻水从堆芯的栅阵中流过,并将热量带到蒸汽发生器。轻水压水堆燃料组件如图 2-4 所示。

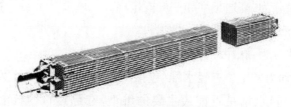

图 2-4 压水堆的燃料组件

轻水压水堆采用两个回路,一回路(primary cooling circuit)采用高压水,压力为 12~16 MPa,加热到 300~330℃,到蒸汽发生器(steam generator),将二回路的水加热成蒸汽(图 2-5 所示为轻水压水推一回路的示意图)。二回路(secondary circuit)蒸汽通常是压力为 5.0~7.5 MPa 的饱和蒸汽或微过热蒸汽,温度约为 275~290℃。因此,核电站应采用焓降小、蒸汽流量大、转速比较低的饱和蒸汽轮机,并在高低压缸之间设置汽水分离器。压水堆核电机组的循环热效率约为 30%~34%。

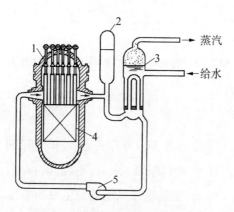

图 2-5 轻水压水堆一回路示意图

1—反应堆;2—稳压器;3—蒸汽发生器;4—堆芯;5—主循环泵

目前轻水压水堆技术类型较多,包括美国西屋公司、燃烧工程公司、巴威公司(B&W)发展的堆型,俄罗斯的 VVER 堆型(也称为 WWER),法国法马通公司、德国西门子公司和日本三菱公司等引进美国西屋公司技术之后发展的堆型,我国独立研发的 CNP 系列(CNP300、CNP600 及 CNN1000)等。这些堆型中,美国巴威公司的压水堆由于发生了三里岛核事故而停止发展。

　　轻水沸水堆中冷却水压力较低,约为 7 MPa,允许在堆内实现可控沸腾。堆内生成的蒸汽约为 285℃,并直接送到汽轮机发电。故沸水堆只有一个回路,无蒸汽发生器,结构简单。但由于蒸汽带有放射件,容易使汽轮机受到污染。沸水堆核电站系统简图如图 2-6 所示,与压水堆相比,其特点为无第二回路,水直接在反应堆内沸腾,产生蒸汽后送往汽轮发电机组发电。这样省去了蒸汽发生器,但事故时有将放射性物质带入汽轮机并逸出的危险性。单机最大容量为 1 300 MW,现全球有90 台机组。

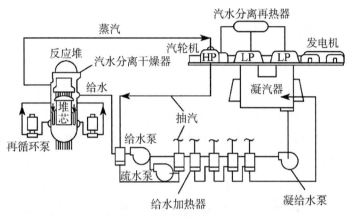

图 2-6　沸水堆核电站示意图

2. 重水堆

　　重水堆(heavy water reactor)采用重水(D$_2$O)作为中子慢化剂,重水或轻水作冷却剂。重水堆的代表堆型是加拿大发展的坎杜型(CANDU)重水堆,即压水重水堆(pressurised heavy water reactor,PHWR),以重水作为僵化剂和冷却剂,采用压力管将慢化剂重水和冷却剂重水分开,慢化剂不承受高压。冷却剂在压力管内,压力约为9.5 MP,温度从 250℃加热到约 300℃,到蒸汽发生器中传递给水生成压力为 4 MPa的蒸汽。也有采用可控沸腾轻水作冷却剂的重水堆。重水堆核电站系统与压水堆的相似,如图 2-7 所示。重水堆中子慢化性能较好,吸收中子少,因而可用天然铀作燃料。适用于天然铀资源丰富,又缺乏铀浓缩能力的国家。

　　重水堆的特点是:① 可采用天然铀作燃料,不需浓缩,燃料循环简单;② 建造成本比轻水堆高。

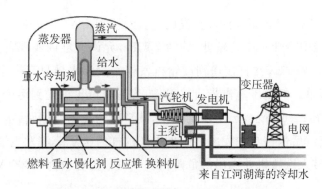

图 2-7　加拿大开发的重水堆核电站系统图

3. 石墨气冷堆

石墨气冷堆(gas cooled graphite modd—erated reactor)采用石墨作中子慢化剂，气体作冷却剂。由于采用气体作为冷却剂，气冷堆的冷却剂温度可以较高，从而提高热力循环的热效率。目前，气冷堆核电站机组的热效率可以达到40％，相比之下，水冷堆核电站机组的热效率只有33％～34％。石墨气冷堆又可分为天然铀气冷堆、改进型气冷堆和高温气冷堆三种。

天然铀气冷堆以二氧化碳做冷却剂，冷却剂压力为2～3 MPa，加热到400℃左右。优点是可采用天然铀作燃料，缺点是功率密度低、尺寸大、造价高、经济性差。由英、法两国发展，现已停止生产。

改进型气冷堆(AGR)是天然铀气冷堆的改进型，其功率密度、运行温度、热效率等指标都有所提高，体积也有所减小。但该种堆型天然铀需求量大，现场施工量大，经济能力较差，没有打开国际市场，目前在运行的改进型气冷堆都在英国。

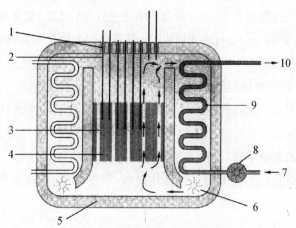

图 2-8　先进气冷堆(ALR)示意图

1—控制棒管；2—控制棒；3—石墨慢化剂；4—燃料组件；5—反应堆压力容器；
6—冷却气体循环风扇；7—给水；8v 给水泵；9—蒸汽发生器；10—蒸汽

高温气冷堆采用氦气作冷却剂,温度可高达 $800 \sim 1\,300℃$。采用低浓缩铀或高浓缩铀加钍作燃料。其特点是温度高、燃耗深、功率密度高、发电效率也较高。如果直接推动氦气轮机,热效率更可高达 50% 以上,并使系统简化。但技术复杂,目前尚不成熟,是国际上重点研发的堆型之一。我国清华大学核研院建设的 $10\,MW$ 高温气冷实验堆于 2000 年 12 月建成,2003 年 1 月发电。

4.石墨水冷堆

石墨水冷堆(light water graphite moderated reactor)是苏联基于石墨气冷堆技术开发的核电技术,只在苏联建设部分电站。该种堆型发生了切尔诺贝利核事故,暴露了设计中的缺陷,已较少发展。

5.快堆

快堆(fast neutron reactor,或 fast reactor)也称为快中子增殖堆(fsst breeder reactors)。这种反应堆不用慢化剂,而主要使用快中子引发核裂变反应。快中子增殖堆不用慢化剂,堆芯体积小、功率大,要求传热性能好、又不慢化中子的冷却剂。目前主要采用液态金属钠和高温高速氦气两种冷却剂。由于快中子引发裂变时新生成的中子数更多,可用于核燃料的转换和增殖。但相对于热堆,快堆需要使用高度浓缩的钠或钚作为核燃料。

(1)钠冷快堆。通常采用三个回路,一回路钠(有放射性)将热量从反应堆载出,在热交换器中将热量传递给中间回路的钠(无放射性),再由中间回路的钠将热量载到蒸汽发生器,用于产生蒸汽。钠冷快堆采用氧化钠和氧化钚的混合物作燃料,其特点是可实现核燃料的增殖,但技术复杂、造价高,仍在发展之中。

图 2-9 中内置泵使液态钠经堆芯吸热后进入主热交换器对管内钠加热后回入

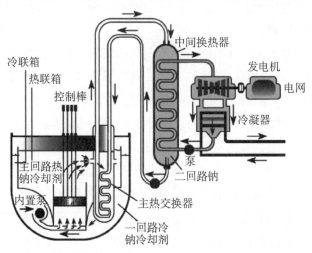

图 2-9　钠冷快堆核电站示意图

反应堆容器。管内钠流入中间换热器加热其中的管内水变成蒸汽,以推动汽轮发电机组发电。中间换热器的存在可避免一回路钠泄漏物直接与水接触发生化学反应并造成放射性物质外泄。

（2）氦冷快堆。增殖比大于钠冷快堆,是第四代核技术发展的重点堆型。氦气在反应堆中可以被加热到850℃,直接推动布雷顿循环燃气轮机进行热功转换,可以实现较高的循环热效率。

三、核电站的特点

和常规火电相比,核电站的突出特点是使用核燃料,因此核电的发展必然要建立在核燃料开采、加工的基础之上。而核燃料裂变之后会生成大量的强放射性产物,辐射防护和放射性废物的收集、处理是核电站的重要特点。

1. 核燃料资源

实际可用的核裂变燃料有铀-235、钚-239和铀-233。自然界中的铀主要是铀-235和铀-238的混合物,铀-235的含量约为0.7%。因此,单纯采用铀-235作核燃料,则燃料资源十分有限。钚-239和铀-233是非天然的转换燃料,其转换原料铀-238和钍-232在自然界中含量丰富,如果能利用燃料增殖技术,则核燃料的可利用储量远远超过化石燃料的储量,可以满足长期发电的需求。

2. 核电站的安全性

核电站的危险性主要来自裂变产物的强放射性形成的环境污染。裂变产物和反应堆中的其他物质经中子照射以后,原子结构变得不稳定,要进行放射性衰变,向外发射粒子或电磁波辐射。

天然放射同位素的射线:① α粒子(带正电的氦原子核),速度达2万km/s,穿透力差,用普通的纸就可以挡住;② β粒子为高速电子流,速度为20多万km/s,0.5 cm厚的水泥才能挡住;③ γ射线为电磁波,波长短,频率高,能量大,射透力强,可以穿透10 cm厚的水泥墙。放射性同位素的辐射射线如图2-10所示。

核反应堆在设计上具有固有的安全性,或称负反应性温度系数,使反应堆在运行时具有良好的自稳调节性能。即当外界破坏了反应堆的平衡时,在一定范围内反应堆能依靠自身的特性使核反应能力下降,恢复到原来的状态。

不同类型的核反应堆有不同的安全措施,由于压水堆是目前比较成熟、也最为广泛采用的堆型,所以,这里以压水堆核电站为例说明。

压水堆核电站在设计和运行控制上采取了比较严密的纵深防御措施。为防止裂

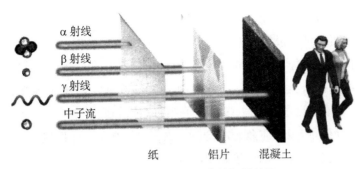

α 射线
β 射线
γ 射线
中子流

纸　　　　铝片　　　混凝土

图 2‑10　放射性同位素的辐射射线

变产物和放射性物质的逸出,核岛通常设有三道屏障。

（1）将放射源与外界隔离——系统结构上设置了三道屏障

第一道屏障——密封的燃料元件包壳。为了确保第一道安全屏障的完整性,核电站运行时需要遵守以下两个安全限值,一是临界热流密度与反应堆内实际达到的最大局部热流密度之比大于 1.22,即烧毁比 DNBR＞1.22;二是燃料棒的最大线功率密度小于设计值。

第二道屏障——坚固、钢制的压力容器和密闭的回路系统,反应堆冷却剂的压力边界,包括一回路的管道、容器、泵等相关设备。为了确保反应堆冷却剂边界的完整性,反应堆运行过程中需要确保一回路冷却剂的压力和温度不超过安全限值。

第三道屏障——厚实、坚固、可承受强大压力的安全壳。安全壳既可以提供有效的环境辐射防护,也可以保护一回路设备免受来自外部的破坏。100 万 kW 压水堆电站的安全壳直径达 30～40 米、高度达 60～70 米,外壁为 1 米厚的预应力钢筋混凝土,内壁为 6 毫米厚的钢板。针对内部封闭,反应堆的安全壳被设计成可以承受反应堆失水这样的极限事故工况,能耐 3～4 个大气压的压力。针对外部破坏,目前第三代核能系统的核电站安全壳普遍设计为可以抵御军用和商业飞机的撞击。对于第二代核能系统,如广东大亚湾核电站的安全壳,设计为可以抵御最大质量 5.7 t 的飞机坠落安全。

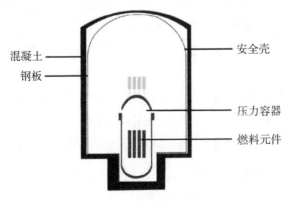

混凝土
钢板

安全壳

压力容器
燃料元件

图 2‑11　反应堆多重屏障

（2）在运行策略上采取了多重保护措施

① 在出现可能危及设备和人身安全的情况时，进行正常停堆；

② 因任何原因未能正常停堆时，控制棒自动落入堆内，实行自动紧急停堆；

③ 如果控制棒未能插入，高浓度硼酸水自动喷入堆内，实现自动紧急停堆。

（3）对一切重要设备都采取了类似的多重保护措施

有紧急自动停堆系统、应急堆芯冷却系统、两套独立的外部电源、应急柴油发电机系统和蓄电池组、多重冷却系统和水源等。

如设置了两路独立的、可靠的外部电源，当一路外部电源因事故停电时，可自动切换为另一回路供电。若失去外部电源，则厂里还有至少两套紧急柴油发电机组，经常处于热备用状态，可以在 10 秒钟内自动启动达到额定转速。

（4）具有系统专设的安全设施

高压安全注射系统、低压安全注射系统、安全壳喷淋系统、安全壳隔离系统、消氢系统等。

例如，当管壁很厚的主管道不幸发生破裂，这时上述这些专设安全设施投入工作，首先高压安全注射系统启动，向堆内高压注水，防止堆内"烧干"；待压力降低后，低压安全注射系统开始工作，继续向堆内注水冷却。与此同时，安全壳与外界自动隔离，使穿过安全壳与外界相通的电缆、通风等管道迅速切断；安全壳顶部的喷淋系统自动喷淋冷水，降低安全壳内的强度和压力；消氢系统投入工作，除去可能引起爆炸的氢气。

核电站在正常运行时放射性物质的排放可控制在远低于允许标准以下，具备十分严格、比较完备的安全措施，与火电站相比，也可以认为是一种比较清洁的能源。不过，在核废料的处理方面，尽管不会带来现实的危害，但在是否会对地球的环境造成长期的影响方面，有些科学家持怀疑的态度。

3. 核电站的经济性

（1）反应堆的结构比锅炉复杂，核电站的造价也比火电站要高。轻水堆核电站的造价通常是同样规模的火电站造价的 $150\% \sim 200\%$，重水堆、气冷堆和钠冷堆的造价则更高。

（2）燃料的价格（考虑成本、运输、储存）比常规火电要低。核电站的发电成本比火电站的发电成本可以低 $30\% \sim 50\%$。核燃料能量大，一座 1 000 MW 级的轻水压水堆核电站，采用低浓缩铀为燃料，燃料年消耗量为 $30 \sim 40$ t；同样规模的火电厂年耗煤量在 300 万 t 以上。

第三章
压水堆核电站

目前,地面核电站技术发展较为成熟,主要还是以压水堆核电站为主。目前我国正在运行的核电站共 7 座,包括秦山核电站Ⅰ期、Ⅱ期、Ⅲ期、岭澳核电站Ⅰ期、Ⅱ期、大亚湾核电站和田湾核电站,其中秦山核电站Ⅲ期采用的是重水反应堆,其他核电站均为轻水压反应堆。当前正在建设中的核电站共 11 座,仅有山东威海的石岛湾核电站采用的是高温气冷堆,其他均为压水堆核电站。

核电站是一个复杂的系统,本章主要介绍常见的轻水压水堆核电站中反应堆和动力回路的基本结构。

压水堆核电站有两个流体循环回路:一回路,即冷却剂回路,是利用反应堆核燃料裂变放出的热量加热冷却剂(水)并向二回路提供动力蒸汽的装置,又称核蒸汽供应系统;二回路,即工质回路,是核电站常规岛的主体,其作用为将核蒸汽供应系统产生的蒸汽的热能转化为电能;在停机或事故情况下保证核蒸汽供应系统的冷却。

一、反应堆的基本结构

反应堆是核电站设备中技术难度最大、加工要求最高、生产周期最长的关键设备。反应堆工作中的主要困难在于需要承受放射性导致的辐照损伤。压水反应堆的主要部件有反应堆堆芯、反应堆内支撑结构、反应堆压力壳、控制棒驱动机构。

1. 反应堆堆芯

(1)特点。反应堆活性区是发生裂变反应、释放热量、产生强放射性的核心区域。

(2)组成。包括核燃料组件、控制棒组件、可燃毒物组件、中子源组件等。

(3)布置。在压力壳进出水口以下,上下两端有开孔板、导流板,形成冷却剂流动通道。

(4)分层。为了展平功率分布和提高燃料利用率,通常采取分区装料、局部换料的方式,外区燃料浓度高,内区燃料浓度低。换料时取出中心组件,而新料置于外区。

2. 反应堆内支撑结构

(1) 特点。结构复杂,尺寸大(质量在几十到百余吨),精度高,工作条件苛刻(在高温、高压水冲击和强辐照条件下,应保证尺寸、强度稳定)。

(2) 组成。分为两大主要组件:上部组件又称为压紧组件,包括上部压紧板、上堆芯板、控制竖棒导向筒上部支撑筒等;下部组件又称吊篮组件,包括堆芯吊篮、热屏蔽、下堆芯板、围幅板组件、防断支撑等。

(3) 作用。支撑燃料组件并限制其移动;使控制棒轴线和燃料组件保持一致;对冷却剂导流;对堆内测量仪器提供支撑和导向。

3. 反应堆压力壳

(1) 特点。承压(14~20 kPa),高温(320℃以上),耐腐蚀,工作时间长(30~40 年)。

(2) 作用。放置堆芯和堆内构件,防止放射性物质外逸,承受高温、高压和强辐照。

4. 控制棒驱动机构

(1) 特点。动作频繁,要求可靠性高;快速停堆时反应迅速,完成动作在 2 s 之内。

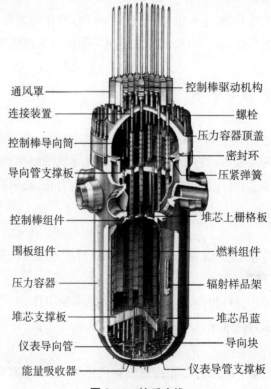

图 3-1 核反应堆

（2）作用。控制反应堆的启动、功率调节、停堆及事故情况下的安全控制（紧急停堆）。

二、一回路系统与主要设备

除了反应堆以外，一回路的主要设备包括蒸汽发生器、冷却剂主循环泵、稳压器及阀门和管道，其主要工作特点是在高温、高压和带放射性条件下工作。

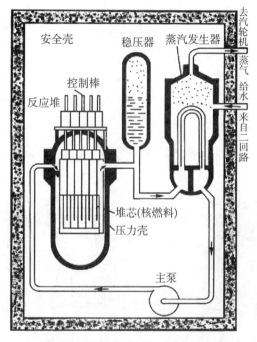

图 3-2 压水堆核电站一回路主系统

1. 蒸汽发生器

（1）特点。蒸汽发生器是压水堆核电站主要设备中产生故障最多的设备。制造工艺难度大，生产周期长。

（2）作用。一回路的冷却剂在蒸汽发生器把热量传递给二回路的工质，以生产蒸汽。

（3）类型。立式 U 型管束自然循环蒸汽发生器和直流式蒸汽发生器。

立式 U 型管束自然循环蒸汽发生器如图 3-3 所示。对于单回路 300 MW 机组的蒸汽发生器，总高为 20 m，外径为 6.6 m，产汽量为 3 500 t/h，净重为 530 t。

2. 主循环泵

(1) 作用

推动高温、高压的冷却剂通过一回路及反应堆堆芯循环流动。

(2) 要求

① 耐腐蚀和耐辐照性能好。

② 具有较大的转动惯量(可以在停电时维持一段时间的流动,使冷却剂继续带走反应堆中剩余的热量)。

③ 一回路的冷却剂具有放射性,主循环泵必须严格限制介质的泄漏。

(3) 类型

① 屏蔽泵:全封闭结构,将电动机和泵体封装,防止介质泄漏。但这种泵的造价高,维护、维修困难,效率低,轴承寿命短,因此仅在小型堆中采用。

② 机械密封泵:电动机与水泵分开组装,不全密封。沿水泵轴设三道机械密封,有泄漏。电动机顶部装有飞轮,以增大转动惯量。

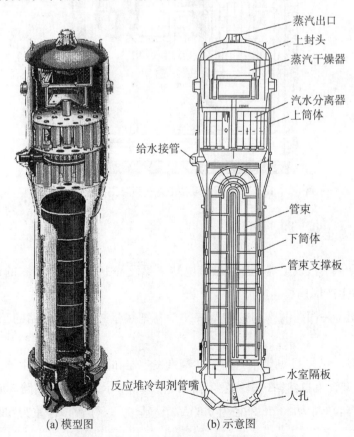

(a) 模型图　　　　　　　　(b) 示意图

图 3-3　立式 U 型管束自然循环蒸汽发生器

(a) 模型图;(b) 示意图

3. 稳压器

(1) 作用

稳压器又称压力调节器,其作用是维持一回路冷却剂所需的压力,防止一回路超压,限制冷却剂由于热胀冷缩引起的压力变化。

(2) 结构

稳压器结构如图 3-4 所示。稳压器通常是一个立式圆柱形压力容器,下半部分为饱和水,上半部分为饱和蒸汽,底部同一回路相连通,下部装有电加热器,可用于加热稳压器内的饱和水,使其升温、蒸发、压力升高;顶部接安全阀,用于紧急泄压;顶部还装有喷淋嘴,用于喷淋冷却水,使稳压器内温度降低、蒸汽凝结、压力降低。

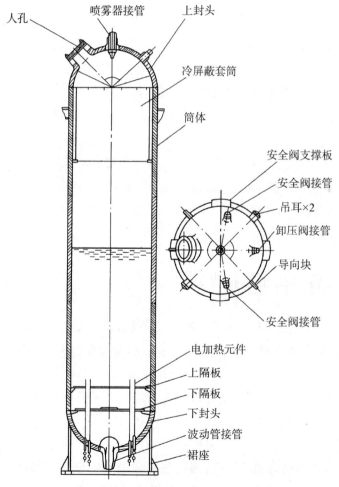

图 3-4 冷却回路(一回路)的稳压器

（3）稳压器的工作过程

① 一回路压力升高→稳压器内水位升高→喷淋管喷冷水→蒸汽凝结→压力回落。

如果压力上升太快，则安全阀打开直接泄压。

② 一回路压力下降→稳压器内水位下降→电加热器加热→产生蒸汽→压力回升。

③ 正常运行时，电加热器部分工作，补偿稳压器自身散热的损失，稳压器内水和蒸汽处于饱和温度不变，维持压力稳定。

三、二回路系统与主要设备

核电站的二回路与普通电站差不多，由汽轮机、回热加热器、再热加热器、汽水分离器、凝汽器和水泵等组成回路，完成中间再热、多级回热的蒸汽动力循环。

其主要特点为：二回路蒸汽为参数较低的饱和蒸汽或微过热蒸汽，目前通常在7.4 MPa、290℃左右（大亚湾核电站的蒸汽发生器出口蒸汽压力为 6.75 MPs；蒸汽发生器出口蒸汽温度为 283.6℃）。蒸汽可用焓降低，汽耗大，容积流量大。因此：① 核电站经常采用半速汽轮机，即 1 500 r/min，美国取 1 800 r/min（但大亚湾核电站采用的是 3 000 r/min 的汽轮机）。汽轮机的尺寸和质量都比常规汽轮机要大。② 核电站的汽轮机通常只有高压缸和低压缸，而不设中压缸，高压缸出口蒸汽即为湿蒸汽，在高、低压缸之间设置汽水分离器除水，蒸汽到再热器中加热成微过热蒸汽之后再进入低压缸膨胀做功。

四、简化轻水压水堆核电站

简化轻水压水堆是吸取美国三里岛核事故的教训而发展起来的一种反应堆设计思想，其目标是消除人和设备之间的复杂关系，尽量避免因为人为错误导致事故，简化反应堆系统。简化轻水压水堆首先在美国发展，日本和欧洲也在参与美国研究的同时，积极发展符合本国情况的简化轻水压水堆。下面简单介绍几种简化堆型的设计思路，从而了解"简化"的思想观念。

简化轻水压水堆设计的指导思想是：在安全性方面，设备会出故障，人也会犯错误，但自然力是不会出现故障的，因此强调非能动安全性，大幅度简化反应堆的系统设备；在经济性方面，通过简化系统和模块式设计，降低核电站的建设成本，缩短核电站的建设周期，提高核电的经济性。非能动（Passive）安全系统全面采用通过自然力（重力）进行驱动，而不是使用属于典型能动（active）设备的泵进行驱动。

例如,在简化轻水压水堆中,采用位于高位的水箱,利用重力向反应堆注入冷却水(见图3-5);非能动安全系统中的阀门通过蓄电池作为直流电源进行动作,而不是采用属于能动设备的柴油发电机。由于非能动安全系统利用的是不会出现故障的自然力,因此可以对一般反应堆中所采用的复杂系统设备进行简化。简化轻水压水堆概念如图3-6所示。

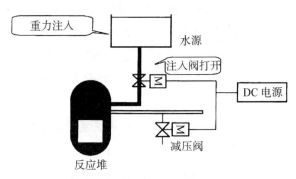

图3-5　非能动安全系统示意图

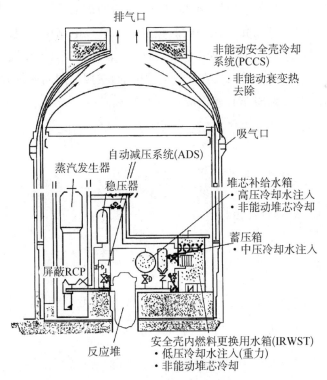

图3-6　简化轻水压水堆概念

在美国,西屋电器(WH)公司于 1985 年开始了 60 万 kW 级的 AP-600 简化轻水压水堆的研究开发(AP-600 和随后的 AP-1000 轻水压水堆技术目前已经成为第三代核能系统的代表堆型之一),简化轻水压水堆 SPWR 的研究则以 AP-600 的安全系统为基础,不依赖于交流电源、泵之类的外部动力,采用依赖于蓄电池的直流电源、容器、阀门之类简化设备组成的非能动安全系统。

在日本研究的简化轻水压水堆系统,设计思想则具有以下特点:

(1)非能动安全系统由可以自动对反应堆进行减压的自动减压系统构成,包括堆芯辅助给水箱(高压,根据反应堆压力可进行自动注水)、蓄压箱(中压)、安全壳内燃料更换用水箱(低压)等容器。该系统可以实现重力注水,在事故时对堆芯进行冷却。

(2)非能动安全壳冷却系统。在安全壳顶部安装冷却水储存箱,依靠重力进行冷却水喷淋,由水和空气对钢制安全壳外侧进行冷却。

(3)"离开安全"(walk away safety)设计思想。在事故发生后的短时间里,不需要进行准确的运行判断和运行操作。

由于采用非能动安全系统,SPWR 系统的设备将会得到很大的简化。在安全性能方面,SPWR 系统可以做得更好,不需要失水事故时的运行操作,在小事故(如蒸汽管路泄漏)时操作也得到简化。在一般的轻水压水堆核电站中,规程规定事故后 10 分钟内不需要运行操作,对于 SPWR 系统,将时间延长到 3 天。在运行和维修方面,SPWR 也将简化运行、减少维修。在建设成本方面,按照美国的评价方法,100 万 kW 级的 SPWR 相比普通的 SPWR 建设成本减少 10%。

第四章
核电站建、构筑物及其特点

核电站建厂建设时,它的选址一般选择在临近海滨的边远山区(图 4-1、图 4-2),建设时开采山石可以运用到工程建设中,投入运营时可以循环利用廉价的海水资源,达到工程建设与运营的节能环保效果;核电站建造在人口稀少的边远地区,可以尽量减少发生核安全事故对周边环境的不利影响。在核电站建设的设计过程中,按核电站的功能分区,厂房的布置一般分成三个区域:核岛、常规岛和辅助厂房(BOP)。

图 4-1　连云港田湾核电站厂区图　　　　图 4-2　广东阳江核电站厂区图

一、核电站厂房总体布置

核岛一般包括反应堆厂房、电气厂房、燃料厂房、核辅助厂房和应急柴油发电机厂房等。几乎所有与核安全有关的厂房均放置在核岛内。常规岛主要放置汽轮发电机厂房以及与它相关的厂房。BOP 是指与上述配套的厂房,如联合泵房、仓库、办公楼和生活用房等,其中联合泵房是核电站中重要的构筑物,其承担着核岛厂房和常规岛厂房的冷却水供应。在核电站设计中,核岛厂房以及 BOP 中的联合泵房是与核安全有关的。为了保证反应堆在事故情况下放射性物质不泄漏到大气中,在核岛的反应堆厂房中设置了安全壳,它是防泄漏的最后一道屏障。鉴于核岛厂房的重要性,要求核岛厂房的安全度要比一般厂房高,考虑的荷载作用要大要多。例如,要考虑到飞机的撞击荷载,龙卷风产生的压力和飞射物等。地震级别的考虑也比普通建筑物高,要考虑厂区可能遭遇的最大地震震动。

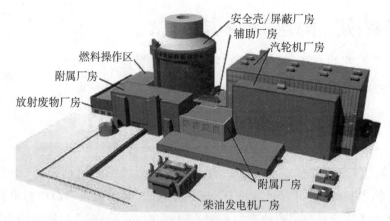

图 4-3　AP1000 压水堆核电站建筑物布置

（一）核安全相关厂房的布置原则

核安全相关厂房在布置时应遵守下列原则：

（1）建筑物的布置要满足核电站功能的要求。

（2）尽可能减少运输距离和工作人员步行距离。

（3）动力机组在相邻的动力机组发生事故时能正常运行。

（4）建筑物和结构物根据它们的安全功能进行分隔。

（5）结构物的功能是确保尽量减少外部极端事故对安全相关物项的效应和确保能承受设计基准事故和超设计基准事故所产生的效应。

（二）核岛厂房及其功能

1. 反应堆厂房

反应堆厂房（RX）位于核岛中心，其他厂房围绕反应堆厂房布置。反应堆厂房主要放置核反应堆，一回路设备、换料水池和乏燃料储存水池位于本厂房内。为了保证反应堆在事故情况下放射物质不泄漏到大气中，在核岛的反应堆厂房中设置了安全壳，它是防泄漏的最后一道屏障。以前，反应堆厂房大多设置单层安全壳，为了提高核电站的安全性，现在大多设置双层安全壳。外层安全壳主要用来抵御外部的各种作用。加风荷载、爆炸冲击波、外部飞射物和飞机撞击等，一般多采用普通钢筋混凝土结构。内层安全壳主要用来抵御反应堆发生事故时的气体压力，防止放射性物质泄漏到环境中去。内层安全壳一般都采用预应力混凝土结构或钢结构。为了密封，内层混凝土安全壳一般都带有钢衬里。

2. 电气厂房

电气厂房(LX)内,主要集中了电力配电设备、仪表和控制设备,如配电盘、蓄电池、充电器、整流器、逆变器、继电器回路、控制柜、计算机等。主控室、应急停堆盘也布置在该厂房内。

3. 燃料厂房

燃料厂房(KX)内有储存新燃料和乏燃料的临时燃料储存池及相关的装卸设备。

4. 核辅助厂房

核辅助厂房(NX)内放置有一回路辅助系统的设备、气—水净化系统的设备、废物处理设备和控制区通风系统设备。

5. 应急柴油发动机厂房

应急柴油发动机厂房(DX)内放置多台柴油发动机,为核电站全厂失去电源时提供电源。

6. 国内某核电站核岛平面布置图

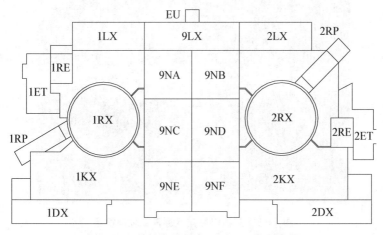

图 4-4 某核电站核岛(双机组)平面布置

图 4-4 为国内某核电站核岛平面布置图。核电站核岛厂房由核反应堆厂房(RX)、燃料厂房(KX)、核辅助厂房(NX)、电气厂房(LX)、连接厂房(WX)、柴油机厂房(DX)、辅助给水箱(RE)、停堆用更衣室(ET)、连楼(EU)、反应堆厂房龙门架(RP)组成。

核岛各厂房具有结构形式复杂多样,施工工序繁杂,施工质量及工艺要求高,资源投入大,施工周期较长等特点。

(三)常规岛厂房

常规岛厂房建、构筑物主要包括:汽轮发电机厂房、汽机房辅助间、辅助设备厂房、主变压器及辅助变压器区建构筑物。

1. 汽轮发电机厂房

在布置汽机房时要考虑到汽轮机飞射物撞击核岛厂房的潜在风险,应进一步计算核岛厂房群受汽轮机飞射物撞击的概率,以确定是否需要进行处理。如概率值表明必须考虑汽轮机飞射物撞击的作用,为了避免汽轮机高速旋转时叶片被撕裂形成的飞射物对核岛的影响,应加防飞射物屏障,如将汽轮机和核岛之间的汽机房外墙的一定部位设置为防撞墙或在核岛厂房设计中加以考虑。

汽机房的柱距及跨度等尺寸按其工艺布置决定,汽机房结构形式与其工艺布置密切相关,不同的设备供应商有不同的设计方案和布置,一般分为全速机方案和半速机方案。半速机方案布置更为紧凑。

图 4-5　某核电站常规岛汽轮发电机组

2. 汽机房辅助间

实际上汽机房辅助间是汽轮发电机厂房的一部分,汽机房辅助间与汽轮发电机厂房主厅共用一列柱,其柱距和跨度等尺寸由工艺布置决定。辅助间共分四层,即底层、电缆夹层、通风间和除氧层。一般下部结构采用钢筋混凝土结构,上部采用钢结构,钢结构安装在下部钢筋混凝土结构上,采用螺栓连接。

各层楼板均采用以压型钢板为永久模板的现浇钢筋混凝土楼面板。运转层及以下支撑楼面板的梁采用现浇钢筋混凝土梁,运转层以上采用钢梁。

3. 辅助设备厂房

辅助设备厂房紧靠汽轮发电机厂房的外墙,包括润滑油传送间、通风设备间、树脂再生间。辅助设备厂房的建筑色调必须与汽机房、核岛及其他建构筑物协调一致。

辅助设备厂房均为单层厂房,各厂房框架为钢筋混凝土排架结构。

4. 主变压器及辅助变压器区建、构筑物

主变压器及辅助变压器区的变压器基础和防火墙均为露天构筑物,每台变压器用钢筋混凝土防火墙隔开,并在周边设电镀钢栅栏。

(四)其他厂房(BOP)

BOP建、构筑物是指核电站除核岛及常规岛厂房以外的建筑物及构筑物。它主要包括联合泵站、泵站辅助建筑、全范围模拟机培训楼、热机修车间和仓库、废水处理站、厂区实验室、废液储存罐、废物储存厂房、除盐水生产厂房、行政办公楼、厂区餐厅、安全厂用水取水管廊、综合技术廊道和浅沟等。

其中联合泵房是BOP中最重要的构筑物,它承担着核岛厂房和常规岛厂房的冷却水供应任务。在核电站设计中联合泵房是与核安全有关的构筑物。

二、反应堆厂房安全壳

(一)安全壳主要功能

安全壳作为核岛厂房的最后一道屏障,主要功能如下:

(1)包容核蒸汽供应系统的主要设备,诸如压力容器、主泵、蒸汽发生器、稳压器及一回路管道等。

(2)保护设施和运行人员免受大气(雨、雪、风)的干扰。

(3)在发生核安全事故(如失水事故)时,包容泄出的放射性物质.并使释放到周围大气的放射性剂量水平限制在容许范围之内。

(4)预防可能产生的外部飞射物、爆炸冲击波等的袭击。

(二)安全壳种类

我国目前建造的核电站安全壳的形式主要包括:

环吊

蓄压箱　　　　　　喷淋系统管道

外层安全壳

内层安全壳

稳压器　　　　　　换料机

压力容器　　　主泵　　安全壳地坑

图 4-6　反应堆厂房剖面图

（1）单层预应力混凝土安全壳内侧带有密封钢衬里。

（2）双层安全壳，内壳为预应力混凝土内侧带有密封钢衬里，外壳为普通钢筋混凝土壳。

（三）设计基准

1. 预应力混凝土安全壳设计总要求

（1）壳体部分

在分析安全壳壳体内力、位移及稳定性时可视为弹性薄壳结构。

壳体的应力分析可采用无弯矩薄膜理论，但对筒壁与底板交接处、环梁处等不连续部位以及由局部荷载作用和温度作用引起的应力和应变要按有弯矩薄膜理论作进一步修正分析。

必须采用可靠的方法分析壳体上较大孔洞（如设备闸门、人员闸门等）对壳体的整体影响及孔洞附近的应力。根据需要，在孔洞周围加厚补强。

必须考虑安全壳筒壁的工艺管线所引起的热应力。安全壳与内部结构和相邻厂房之间留有足够的间隙。

安全壳结构以分项系数表达的极限状态进行设计，应根据不同的工况和荷载效应组合进行承载能力极限状态的承载力计算和正常使用极限状态的容许应力验算。

对作用于安全壳的某些局部效应,如高能管道破裂引起的局部效应、龙卷风飞射物、内部飞射物和飞机的撞击效应等,允许考虑安全壳的塑性变形。

应进行安全壳在内压作用下的极限承载力分析。

（2）基础底板

基础底板的分析采用弹性分析方法。地基反力可按刚性扩散角进行近似计算;也可采用地基与基础共同工作的假设来确定基础与地基之间接触压力的分布。计算时应考虑上部结构质量和刚度的影响。

基础底板应避免由于洪水或未来相邻建筑的施工造成底部侵蚀的可能性。

设计中应研究地下水位可能出现明显变化的效应。设计中应提供适当的保护措施,以防止基础材料可能劣化。

（3）钢衬里

除在建造阶段及对于飞射物撞击作用等特殊工况下,钢衬里不得作为受力构件,但在确定最大应变时必须考虑衬里与安全壳混凝土的相互作用。

钢衬里设计应满足下列要求:

① 衬里必须锚固于安全壳混凝土内,但锚固点之间局部弯曲变形应不受阻碍。

② 衬里能适应所有荷载效应,并能与混凝土结构协同变形,保证安全壳在各种荷载效应下的密封性。

③ 衬里焊接必须采用无损于安全壳密封性的焊接方法。

2. 钢衬里锚固系统的设计要求

（1）能适应所有荷载效应而无损于安全壳的整体性和密封性。

（2）当某一锚固件出现缺陷或损坏时。锚固系统不致发生连续破坏。

（3）锚筋应设计成在衬里撕裂前就破坏。

（四）结构

1. 安全壳结构的构成

预应力混凝土安全壳一般内侧带有密封衬里,大体上形成一个圆柱状的空腔,由基础底板、筒壁和穹顶三部分组成。

（1）基础底板

基础底板自下而上为:

① 素混凝土垫层。

② 防水层,一般一直延伸到地坪表面。

③ 厚底板,为承重基础底板,现浇钢筋混凝土结构。

④ 底板下部周边设有环形预应力张拉廊道。

⑤ 底板钢衬里锚固于混凝土,并与筒壁衬里相延续,衬里焊缝处设有焊缝检漏通道网;内部结构的一、二次屏蔽墙,钢筋混凝土及设备支墩处的衬里局部加厚。墙、柱竖向钢筋可直接焊在加厚了的衬里板上,将可能出现的拉力传至基础底板。

⑥ 混凝土保护层,一般厚约 1 m,该层混凝土有利于内部结构的荷载分布于基础底板。同时也为地面设置沟槽、水坑提供了条件。

⑦ 基础底板一般在中部设置一凸起的剪力榫,以保证内部结构在水平荷载作用下的稳定性。

（2）筒壁

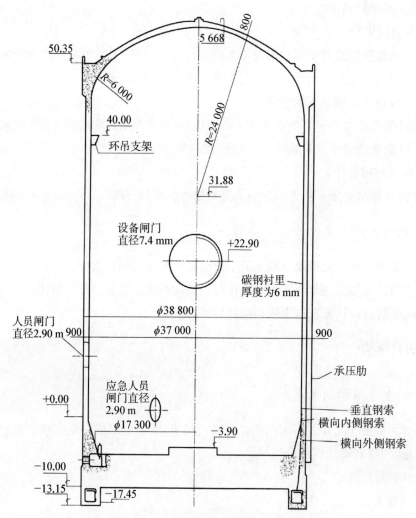

图 4-7　某核电站压水堆安全壳剖面

筒壁为预应力混凝土结构，其结构特点为：

① 筒壁底部与基础底板相连，底板根据需要可加腋或不加腋。上部通过环梁或直接与穹顶相接。

② 筒壁外设有若干竖向扶壁，用以锚固水平预应力钢束。

③ 在筒壁的不同位置上设有设备闸门、人员和小设备空气闸门、应急空气闸门以及各种管道和贯穿件。

④ 在筒壁内侧衬里上设有环形吊车的支承结构及架设各种管线的锚固件。

⑤ 预应力系统一般采用由高强钢绞线构成的预应力钢束，环向水平钢束锚固在筒壁的竖向扶壁上，竖向钢束根据穹顶形状和有无环梁可为 I 形、倒 J 形和倒 U 形，一端锚固在底板下环形廊道的顶板上，另一端则锚固在环梁上或环形廊道另一侧的顶板上。

⑥ 在筒壁混凝土的内外侧还设有环向和竖向普通钢筋，内外层钢筋间设拉筋作为受剪钢筋。

（3）穹顶

穹顶为预应力混凝土结构，其结构特点为：

① 根据穹顶形状，穹顶通过环梁或直接与筒壁相接。

② 对于扁壳形穹顶，预应力系统一般由三组互为 120° 的钢束组成，钢束锚固在环梁上，扁壳预应力筋也可与筒壁竖向预应力筋合而成为倒 J 形钢束；对于半球形穹顶，预应力筋则常与筒壁竖向预应力筋合而成为倒 U 形钢束，两端锚固于底板下张拉廊道顶板上。

③ 穹顶混凝土中也布置有上下两层普通钢筋和厚度方向的受剪钢筋。

④ 施工时，穹顶混凝土一般分两层浇筑，第一层先浇 20 cm 左右，与穹顶衬里和加劲肋共同形成内模板，以承受浇筑第二层混凝土时的荷载。

图 4 - 8　某核电站穹顶现场拼装、吊装

（4）衬里

衬里材料一般为碳素钢，也可采用非钢材料，如环氧树脂等。

若为钢衬里,则用加劲肋和锚筋分块锚固在安全壳混凝土里,衬里厚度一般取6～8 mm,在环形吊车支承处等局部部位作加厚处理。

用环氧树脂作衬里材料时,衬里可分为刚性型和弹性型。刚性型衬里在树脂硬化后形成无延性薄膜,弹性型衬里保持有一定延性,具有覆盖裂缝的能力。因此,作为安全壳密封衬里应采用弹性型衬里。

图 4-9　钢衬里模块施工

(5) 设备闸门、人员空气闸门和应急空气闸门

反应堆大型设备通过设备闸门运入安全壳。设备闸门为一法兰型环状闸门舱口,与安全壳钢衬里相焊。舱口用一个带有法兰的大型封头(碟型封头)盖闭,封头法兰用螺栓固定于舱口法兰上。封头上有两个吊耳,供拆装封头用。两个法兰之间设置双道密封,在两道密封之间的空隙内可以加压(气体)作气密性试验。

人员和小型设备由人员空气闸门进入安全壳。人员空气闸门穿过安全壳上的贯穿筒,并与该贯穿筒焊接构成一体。人员空气闸门设有两道压力密封门,门的密闭靠双道密封实现,正常状态下,两道门以特殊方式连锁,以防同时开启。

应急空气闸门与正常出入的人员空气闸门具有相同的特征。

图 4-10　设备闸门吊装

（6）管道贯穿件

管道贯穿件由焊接在安全壳钢衬里的钢套管组成，该套管锚固在安全壳混凝土内，超过安全壳表面一定长度，用连接管把套管和工艺管道连接在一起。焊有套管处的钢衬里应局部加厚。

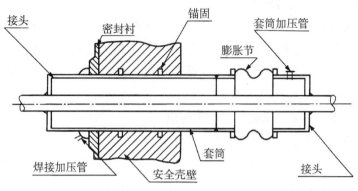

图 4-11　安全壳贯穿件剖面

（7）电气贯穿件

电气贯穿件由若干个装于一密封筒体内的贯穿芯棒组成，贯穿芯棒固定在筒体两端的法兰上。筒体在安全壳内侧的法兰焊在混凝土筒壁内的预埋套管上；外侧法兰上装有压力表、阀门组件等，用以施加试验压力和监测泄漏。

（8）通风管道贯穿件

通风管道用带有制动阀门的装置连接到安全壳贯穿件套管上。

（9）燃料运输通道

燃料运输通道的套管穿过安全壳与换料水池相连。

（10）环形吊车牛腿

环形吊车牛腿为结构性构件，通过加厚的衬里板固定在安全壳筒壁内侧，加厚的衬里板与原衬里板的焊接以 1∶4 的坡度削薄过渡，以避免应力集中。加厚衬里板背面通过计算设有足够的加劲肋和锚固钢筋，将环形吊车牛腿锚固在安全壳筒壁上。

2. 安全壳结构的选型

（1）穹顶

安全壳穹顶形状一般有扁壳形和半球形两种。

扁壳形穹顶通过环梁与筒壁相连，筒壁竖向钢束和穹顶预应力钢束锚固在环梁上，由于存在不连续区，该处受力较为复杂，且节点处预应力筋和普通钢筋密集，施工、浇筑较为困难，且不易保证质量。但穹顶钢衬里重量相对小，利于整体吊装，缩短工期。

半球形穹顶与安全壳筒壁直接相连,成为连续区,使安全壳受力更为合理;由于筒壁和穹顶合用倒U形预应力钢束,因此减少了安全壳预应力钢束的数量,节约了锚具。

但在安全壳直径和总高度相同的情况下,半球形穹顶安全壳的自由容积较扁壳形穹顶安全壳的小。

(2)筒壁竖向扶壁的数量

筒壁上锚固安全壳环向水平钢束的竖向扶壁可以采用2个、3个或4个,数量越多安全壳内的预应力分布越均匀。但是,减少扶壁可节约大量锚具和混凝土,加快施工进度;且有利于核岛结构的总体布置,减少预应力张拉与贯穿区施工安装的相互干扰。

(3)衬里材料

安全壳的密封可采用钢衬里或非钢衬里。

钢衬里的密封性能较有保证,是一种传统的做法。

非钢衬里具有节约钢材、施工速度快等优点,但为保证安全壳的密封性,对贯穿件和预埋件的密封处理较为复杂。

对于采用双层安全壳的核电站,受内压的安全壳也可不设衬里,安全壳的密封性通过内外安全壳间的空间保持负压、使放射性物质不致外逸来实现。

3. 安全壳的尺寸

安全壳的尺寸取决于工艺要求和设备安装等因素,它应提供与假想失水事故相容的必要的自由容积,并具有环形吊车起吊最大设备的足够空间。筒壁和穹顶厚度的确定应考虑强度要求和足够的预应力钢束和普通钢筋的配置空间;底板的厚度除取决于整个反应堆厂房的荷载效应和地基条件外,还应考虑严重事故的影响而留有足够的裕度。

百万kW级核电站预应力混凝土安全壳的主要尺寸大致如下。

底板厚度:3.00~5.50 m。

筒壁内径:37.00~40.00 m。

筒壁高度:半球形穹顶35.00~44.00 m,扁壳形穹顶45.00~50.00 m。

筒壁厚度:0.90~1.10 m。

穹顶厚度:0.80~0.90 m。

内部总高度:55.00~60.00 m。

内部总容积:约60 000 m³。

内部自由容积:约50 000 m³。

三、反应堆厂房内部结构和核岛其他厂房

压水堆核电站的厂房设置是根据堆型及全站总体布置来确定的,不同的堆型和

布置方案其厂房的名称和功能都不尽相同,但大体上是相类似的。现以国内某核电站为例介绍其厂房及结构。

(一) 反应堆厂房内部结构构成

内部结构主要为核供汽系统及其有关的设备和管道提供支撑,为人员和设备提供屏蔽,对管道破裂后产生的甩击和飞射物进行防护等。

内部结构由钢筋混凝土墙板结构组成,包括一次屏蔽墙、二次屏蔽墙、反应堆换料水池、隔间墙和支撑设备的楼板(见图 4 - 12 和图 4 - 13)。主要设备与混凝土墙板之间通过支撑系统连接,这些支撑系统包括:

(1) 反应堆压力容器支撑系统。

(2) 蒸汽发生器支撑系统。

(3) 反应堆冷却剂泵支撑系统。

(4) 稳压器支撑系统。

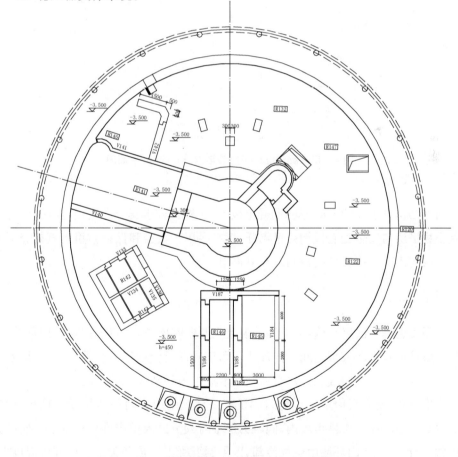

图 4 - 12 反应堆厂房内部结构—3.500 m 平面图

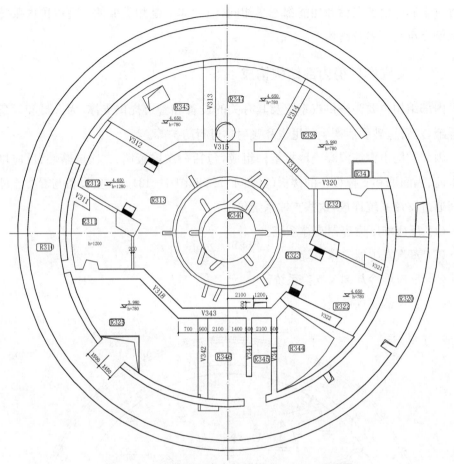

图 4-13 反应堆厂房内部结构+4.650 m 平面图

1. 底板

内部结构支承在约 1 m 厚的混凝土板上,该板又置于安全壳底板上,两者之间由混凝土找平层与安全壳底板钢衬里隔开,找平层用于覆盖和保护衬里焊缝检查通道。在找平层与内部结构支撑底板间设有滑移层。

2. 内环墙

内环墙也称一次屏蔽墙,为一钢筋混凝土厚壁圆筒体,竖直方向位于内部结构底板和反应堆换料水池底板之间。内环墙除用于支撑反应堆压力容器外还是其他主要楼板的支座。在一回路或二回路管道破裂事故中内环墙要承受压力荷载。内环墙内为反应堆堆坑,出入反应堆堆坑的门洞设有一承压闸门。内环墙将反应堆运行时的超量放射性阻隔在反应堆堆坑内,同时为停堆时人员进入反应堆厂房提供生物防护。在正常运行工况下,内环墙由空气冷却,以限制混凝土发热和失水。内环墙温度上升主要是由于吸收了压力容器散失的热量和混凝土本身因吸收辐照而发热。

3. 外环墙

外环墙为二次屏蔽墙的重要组成部分。竖直方向位于内部结构底板和 20 m 左右的操作平台之间。外环墙在反应堆运行时还提供生物防护,允许人员临时进入安全壳筒壁与二次屏蔽墙之间的环形空间。外环墙应保证能承受:

(1) 由一回路冷却剂丧失事故造成的压差。

(2) 正常工况下和事故工况下管道和设备支承的作用力(特别是在一回路冷却剂丧失事故和 SL-2 地震动同时发生的情况下)。

4. 反应堆池

反应堆池支撑在内外环墙上,在换料或检查堆内构件时使用。反应堆池有以下两个房间,它们可用活动闸门隔开:

(1) 反应堆腔室。

(2) 邻近反应堆的堆内构件储存间。

反应堆腔室的墙体支撑可移动的飞射物防护板。反应堆池底和四壁设有支撑堆内构件支架用的锚固件。反应堆池设有不锈钢衬里,衬里起防漏作用,但在结构强度方面不起作用。四面墙和底部衬里的背后,设有一排水网,用于衬里泄漏时排水。

5. 主要设备的支撑楼板及隔间墙

内部结构的主要设备包括反应堆压力容器、蒸汽发生器、反应堆冷却剂泵和稳压器。除反应堆压力容器支撑在内环墙上之外其他均支撑在楼板和隔间墙上。其中,蒸汽发生器、反应堆冷却剂泵竖直方向支撑在 4.65 m 的楼板上,稳压器竖直方向支撑在 11.5 m 的楼板上;主要设备之间由隔间墙分开,其在水平方向的支撑一般作用在隔间墙上或外环墙上。

6. 反应堆压力容器支撑系统

反应堆压力容器支撑系统包括:

(1) 接管垫,它与反应堆压力容器的进出口接管为一整体。

(2) 反应堆压力容器支撑环形结构,它将容器荷载传递到混凝土反应堆坑上。

(3) 支撑座,它与支撑环形结构为一整体。

支撑结构按承受正常运行工况和事故工况(地震、反应堆冷却剂管道破裂)下的荷载进行设计,设计时不但要保证使容器和接管能在径向自由地热膨胀,而且要阻止其侧向位移。支撑结构也允许径向热膨胀。

支撑环放置在反应堆坑靠近顶部的牛腿上,其结构为一环形结构,其截面由内外两个圆筒和加强肋板组成。六个径向键焊于顶板上,并在埋于混凝土的止推座之间进行调节。这一措施保持了对水平荷载的支撑作用。支撑结构由空气循环冷却,使其下冀缘的温度保持在混凝土可接受的水平。

7. 蒸汽发生器支撑系统

蒸汽发生器支撑系统的设计要保证对所有热膨胀和压力位移是自由的,但在发生事故时位移将受到限制。

竖向支撑为四个两端带支撑脚的铰接立柱,一端固定在混凝土结构上.另一端固定在蒸汽发生器的半球形下封头处。

水平支撑分上、下两部分设置。下部设置在蒸汽发生器下封头支撑台的位置,由多个档架组成;上部在蒸汽发生器重心标高附近设置支撑环,支撑环与蒸汽发生器之间的间隙用垫片调节。支撑环由四个阻尼器连于房间墙壁上,阻尼器可不受约束地作缓慢运动。因此,不限制回路的热变位,仅在地震或管道破裂时阻尼器为刚性,可有效控制蒸汽发生器的侧向位移。

8. 反应堆冷却剂泵支撑系统

反应堆冷却剂泵(主泵)由三个竖向支柱架支撑,支柱架固定在泵壳的底座上。这些支柱是铰接的,允许泵壳在水平面内位移,并按承受地震和反应堆冷却剂管道破裂所引起的荷载进行设计。在每个泵壳支撑块标高处设有侧向阻尼器,以限制泵的位移及反应堆冷却剂管道破裂时对混凝土的撞击效应。在电动机支撑和混凝土墙之间也设有阻尼器,以限制地震效应。

9. 稳压器支撑

稳压器在竖直方向由焊于下端的环形裙支撑。环形裙通过其下端的法兰用螺栓锚固于楼板。在发生地震和管道破裂事故时,稳压器的侧向位移是通过固定于混凝土内部结构上的支撑限制的。稳压器壳上焊有四个支撑块,彼此相隔 $90°$,通过四个侧向支杆调节这些支撑块,保证稳压器在轴向和径向的热膨胀,但限制其侧向位移。

10. 反应堆厂房的其他结构和设施

正常出入反应堆厂房从核辅助厂房经位于安全壳＋8.00 m 标高的人员闸门出入。所有设备通过安全壳设备闸门进入安全壳。人员应急出入通过位于±0.00 m 地面标高的空气闸门。位于人员空气闸门附近的电梯可进入各个楼层。

反应堆厂房设有以下吊装设备:

(1)装卸料机,其轨道在内部结构＋20.00 m 标高处。

（2）吊装重型设备的环形吊车，轨道固定在安全壳筒壁的牛腿上。

（3）设备出入口用的电动绞车，连于安全壳筒壁上。

此外，为吊装各种设备，还设置了单轨吊或高架移动式吊车，例如：

（1）吊装余热排出泵和风机。

（2）操作堆芯内仪表设备。

（二）其他抗震Ⅰ类结构

除反应堆厂房以外的其他抗震Ⅰ类结构包括核辅助厂房、电气及连接厂房、燃料厂房、柴油机房、辅助给水箱厂房。此外，BOP中的联合泵房、安全厂用水进水廊道等也是抗震Ⅰ类结构。

1. 核辅助厂房

核辅助厂房位于两个反应堆厂房之间，并毗邻电气厂房。它包容有核辅助系统设备、放射性废物储存和处理以及必要的通风和起重设备，设备冷却水系统也包括在内。地下层被用作两个堆的循环水流通道和技术廊道。整个厂房按功能划分为 NA、NB、NC、ND、NE、NF 六个区，其中 NE、NF 区属设备冷却系统厂房。平面布置见图 4-14、图 4-15。

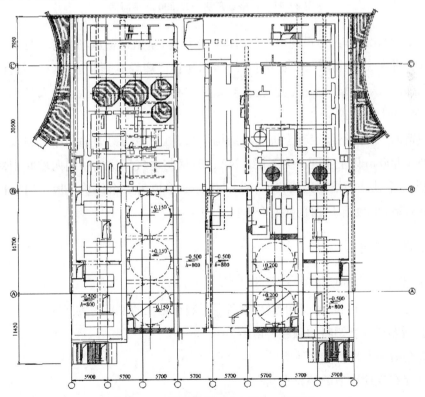

图 4-14　核辅助厂房±0.000 m 平面图

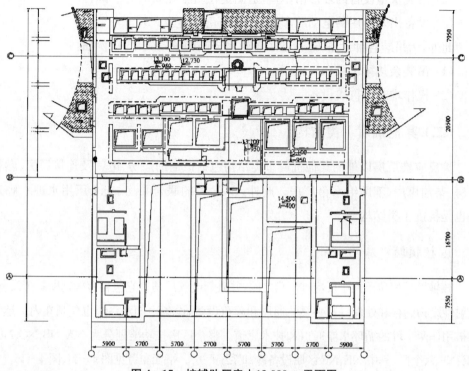

图 4‑15　核辅助厂房＋13.000 m 平面图

在正常情况下,人员可经电气厂房进入该厂房;重型设备从场坪标高处正面的设备出入口进入。核辅助厂房到反应堆厂房和连接厂房设有正常通道,楼层间设有楼梯和电梯。放射性设备周围的混凝土屏蔽墙和有计划布置的隔墙,为人员和环境提供了充分的生物防护。

核辅助厂房为钢筋混凝土抗震墙结构体系、由众多的剪力墙和厚板组成。除地下室外、0.000 m 以上主要分为五层。NA、NB 区与电气厂房的中间两堆共用部分相连,成为一个独立的结构区段;NC、ND、NE、NF 形成另一个结构区段。两结构区段间设有从基础底板至厂房顶部的变形缝。

2. 燃料厂房

(1) 燃料厂房的功能

① 包容新燃料和乏燃料的操作设备及燃料往返反应堆厂房的运输。

② 新燃料和乏燃料的储存和运出。

③ 包容运行所需的通风系统。

④ 储存反应堆池的补充水。

⑤ 包容乏燃料池中水的处理设备。

⑥ 人员和环境的放射性屏蔽。

⑦ 包容安全注射系统和安全壳喷淋系统的设备。

（2）燃料厂房的组成。（见图 4 - 16 和图 4 - 17）

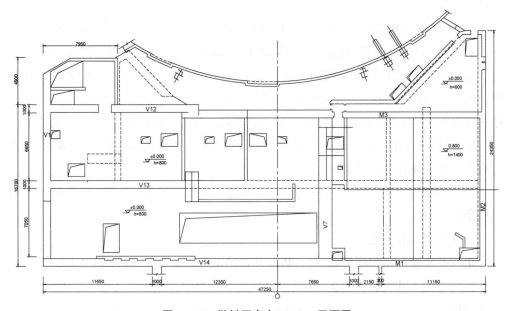

图 4 - 16　燃料厂房±0.000 m 平面图

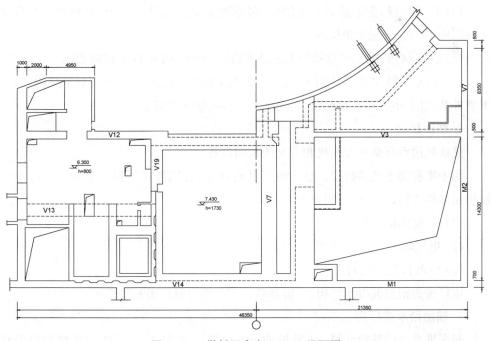

图 4 - 17　燃料厂房＋6.300 m 平面图

① 燃料厂房分 1KX 和 2KX 两部分,分居于 1 号堆和 2 号堆。

② 1KX 和 2KX 两部分的结构基本相同,由钢筋混凝土墙和楼板及钢结构屋顶(上有现浇混凝土层)构成,钢筋混凝土墙板将整个厂房分隔成不同功能的各种房间、贮槽和水池。

③ 燃料装卸工作由在＋20.00 m 标高处三部吊车进行:130 t 的乏燃料容器装卸吊车;起重量为 5 t 的新燃料运输容器装卸吊车;起重量为 2 t 的燃料元件装卸桥架。

④ 为考虑乏燃料容器在装卸过程中可能发生坠落事故,在以下三处设有减震材料:容器装卸竖井下面,在±0.00 m 楼板以下(考虑±0.00 m 楼板被击穿后承受容器的坠落);乏燃料容器间底部(＋7.20 m 标高);乏燃料容器清洗间底部(＋14.25 m 标高)。

⑤ 乏燃料坑在±0.00 m 标高以上用变形缝与水池部分的结构隔开,以减轻假想的容器坠落对水池结构的影响。

⑥ 乏燃料容器坑和有关房间均设有不锈钢衬里,与之相连的管道和接头也都是不锈钢的。

3. 电气及连接厂房

电气及连接厂房包括控制室、与核岛连接的电气设备间、实验室和更衣室等。另外在该厂房的上部设有管道间,为反应堆厂房和汽机房之间的主给水和主蒸汽管道提供通路。

从结构角度看,电气及连接厂房间由两条变形缝分隔成三个区段(见图 4-4)。

(1) 1LX 区段,为钢筋混凝土结构,包括地下室共八层;一号堆的辅助给水箱位于该厂房＋0.00 m 标高楼层内。

(2) 2LX 区段,除二号堆辅助给水箱另设厂房外结构与 1LX 区段相同。

(3) 9LX 区段,结构上与核辅助厂房的 NA 和 NB 相连,为钢筋混凝土结构,除地下室外共六层,出入口在地面层,各层间有电梯和楼梯相通。

4. 柴油机房

柴油机房设有柴油发电机和有关的辅助设备。

每个堆有两个柴油机房。整个电厂共有四个,分别设在燃料厂房边上。每个柴油机房是独立的,由三个房间组成:

(1) 柴油发电机间。

(2) 电气间。

(3) 空调机和通风间。

该厂房为钢筋混凝土结构,厂房基础与相邻的燃料厂房基础相连。

5. 辅助给水箱厂房

每个堆有一辅助给水箱。1 号堆的设在电气厂房 1LX 区段内;2 号堆的位于独立辅助给水箱厂房内,该厂房位于二号堆燃料厂房旁边,为钢筋混凝土结构,

6. 联合泵房

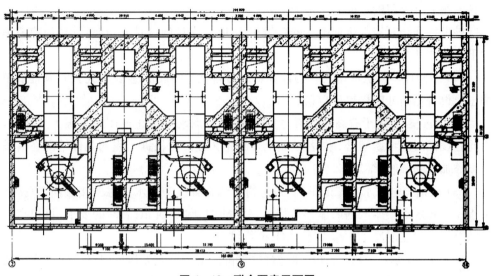

图 4-18 联合泵房平面图

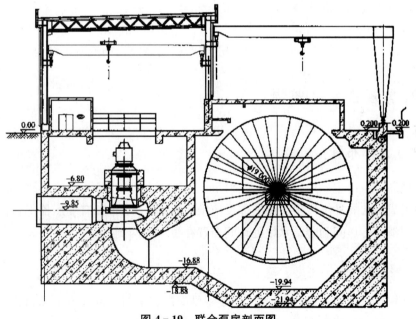

图 4-19 联合泵房剖面图

联合泵房是核电站重要的构筑物,其承担着核岛厂房和常规岛厂房的冷却水供应,因此泵房一般接着水源(绝大多数为海水)和向核岛和常规岛供水的供水管廊。联合泵房一般为地下埋置结构,地下为钢筋混凝土,地上为排架结构或钢结构。地下主要有:闸门槽、进水道、涡壳、消防水池、闸门储存槽、工艺布置间、管道等,地上主要有电气控制间、通风竖井、设备间。地下主要设备有隔栅、转鼓滤网、安全厂用水泵、循环冷却水泵、消防水泵、风机等,地上主要设备有吊车。图 4-18 和图 4-19 为国内某核电站联合泵房的平面和剖面图。

核电站联合泵房与普通电厂的泵房相比,除了常规的设计外,在设计时尚应考虑以下主要的几个方面:

(1) 结构计算方法应采用动力计算。因为有重要的设备进行抗震分析,须提供泵房主要设备标高处的楼层反应谱。

(2) 涡壳腔室由于有高速水流,并且在涡壳泵启动和停止使用时有很大的压力,因此在设计时应考虑耐磨、耐侵蚀、耐高压和耐久性。可根据工程的具体情况在混凝土中添加硅粉、微纤维等。

(3) 根据核电取水方式的不同,泵房的墙体有直接与海水接触的接触面,直接接触水位变化区和浪溅区的墙体部位应考虑耐冲刷、耐腐蚀、耐久性的要求,可根据工程的具体情况在混凝土中添加阻锈剂、微纤维等。

(4) 对于泵房+0.100 m 板,需进行抗飞机撞击和抗龙卷风的设计。对其中的安全厂用水(SEC)泵房顶板需进行抗飞机穿透能力的验算.对+0.100 m 板上的所有混凝土盖板需进行抗龙卷风设计。

7. 安全厂用水进水廊道

廊道设在地下,连接安全厂用水泵房与核岛,为现浇钢筋混凝土结构。

四、常规岛建、构筑物

(一) 总体布置

常规岛厂房由主厂房(汽机房及辅助间)、汽机通风间、润滑油传送间、凝结水精处理间组成。常规岛主厂房一端紧邻反应堆厂房,另一端布置有变压器平台;汽机通风间与润滑油传送间和凝结水精处理间布置在主厂房两侧。

1. 汽机房布置

在常规岛厂房布置设计中,不同的设备供应商有不同的设计方案和布置,一般分为全速机方案和半速机方案。相比而言,半速机方案布置更为紧凑。

针对百万 kW 级核电站而言,一般来说,汽机房的跨距为 44 m,长度为 100 m,有效利用高度约为 37 m,柱距采用 8 M 和 12 m 两种。汽机房共分为三层:底层、中间层和运转层。

2. 辅助间布置

辅助间是指紧靠汽机房的建筑物,其跨度为 15 m 左右,长度与汽机房长度相同为

100 m,有效利用高度约为 34 m。辅助间共分四层,即底层、电缆夹层、通风间、除氧层。

(二)常规岛机械起吊系统

汽机房和辅助设备间的设备安装、运行、维护时,要用到起重量不同的各种起吊设备,如大吨位的桥式吊车、小吨位的单轨吊车和各种起吊梁等。

1.汽机房设备的起吊设施

汽机房设有两台 200/30 t 高架主电动行车,可以联合起吊发电机转子;在底层的真空泵上面设有单轨起吊设施;在桥式吊车不能到达的地方、设备的中心线上方均设起吊梁。

2.辅助设备间的起吊设施

辅助间设有一台 20 t 的电动行车,供备用于给水泵及其附属设施的起吊。
图 4 - 20 和图 4 - 21 为某核电站常规岛厂房平面图和剖面图。

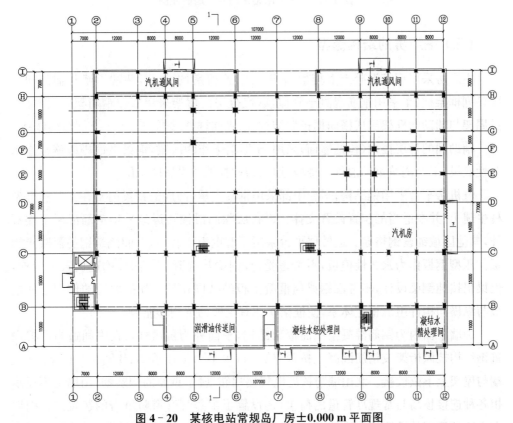

图 4 - 20 某核电站常规岛厂房±0.000 m 平面图

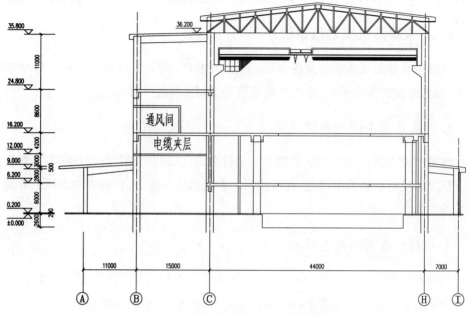

图 4 - 21　某核电站常规岛厂房剖面图

（三）主厂房的结构选型

主厂房采用钢筋混凝土框排架结构形式,汽机房的 A 列,两端山墙与辅助间的 B、C 列框架柱、梁采用钢筋混凝土到屋顶,汽机房的屋架采用双坡钢桁架,A 排柱通过屋架与辅助间框架组成横向框排架结构,与纵向框架共同构成一个空间结构体系。

辅助间的各层楼面(包括屋面)采用 H 形钢梁作为次梁,钢梁上铺压型钢板作永久性底模,上面浇筑钢筋混凝土楼板,屋面结构找坡并设置防水层。

汽机房平台采用钢结构,平台中部采用钢柱支承,四周的钢梁简支在主厂房框架柱牛腿上,并在适当的位置设置支撑。设备层除润滑油转运站采用钢筋混凝土楼板外,其他区域铺设钢格栅。运转层平台采用压型钢板作底模,上面浇筑钢筋混凝土楼板。压型钢板作为永久性模板,不考虑受力,钢梁与混凝土板间按构造设置抗剪栓,但梁仍按纯钢梁设计,不考虑钢梁与混凝土板的共同作用。加抗剪栓的作用是使楼板与纵横向构件组成稳定体系,使框架整体有足够的抗侧移能力。

山墙平面内为钢筋混凝土平面框架结构,平面外为抗风柱。在中间适当位置设置钢结构抗风桁架或钢筋混凝土抗风平台,将水平力传递给 A、B 轴纵向框架,柱上端与屋架上下弦铰接。北山墙与核岛电气楼相邻,属于重要的构筑物,山墙上不仅承担各种连接核岛与常规岛管道的荷重,还设置了主蒸气管道防甩击的装置。北山墙在山墙柱平面外采取结构措施,形成足够的抗侧力体系,以抵御风荷载、地震作用和管道甩击力。

汽机房的屋架采用双坡钢桁架,在主厂房框排架结构计算三维模型中,桁架被视为刚性杆。汽机房屋面板采用中间带隔热夹层的彩色压型钢板作屋面板,自防水。这种形式屋面具有自重轻、有利于抗震;安装、施工方便快捷;可减少檩条和屋架用钢量且隔热效果好。汽机房配置 2 台 200/30 t 桥式吊车,吊车梁采用焊接工字型钢梁,设水平制动桁架。行车在设备安装和检修时起吊的最重构件为发电机转子,定子则采用专门提升架进行安装,吊车梁按吊车最大轮压进行设计。

(四)基础

厂房基础根据建筑物所处的地质条件可采用独立基础、条形基础。如上部荷载较大或地基情况较差,也可采用桩基础。基础不但要满足强度要求,而且要满足有关规范对绝对沉降量和沉降差的要求。

汽轮发电机基础设计应与设备制造厂密切配合,以便合理确定基础形式。一般采用支承在平板式钢筋混凝土底板上的框架式基座。基础设计时,传到基础的全部静荷载和基础本身的质量之和求得的总重心与基础底面形心,应力求位于统一垂直线上。一般情况下,顶板应有足够的质量和刚度,应加大扰力作用点下构件的质量,以减小基础的振动。为了保持轴系的平直和改善基础的动力性能,各横梁的静挠度宜接近。应确保基础在静荷载和动荷载作用下,既有足够的强度,又有良好的动力持性,使基础的频率及扰力作用点的竖向振动线位移符合《动力机器基础设计规范》(GB50048-96)的规定值,做到可靠、安全。汽轮机基础在零米以下与汽机房基础之间设沉降缝脱开。主体结构与中间平台脱开布置。

第五章
核电工程的土建施工

一、核电站土建施工特点

我国自 20 世纪 80 年代开始建造核电站,至今已经建设了浙江秦山一期、秦山二期、秦山三期,广东大亚湾、岭澳和江苏田湾等核电站。上述核电站除秦山三期采用的堆型为重水堆。其他核电站采用的堆型均为轻水压水堆,对于核电站的土建施工而言,不论什么堆型,对土建施工的要求和施工过程均大同小异。

目前建造的核电站中,其土建部分以厚、重、大的现浇钢筋混凝土结构为主,施工难度较大、施工过程较繁复,且施工质量较难控制。从目前的发展趋势看,核电站的土建施工逐步在向集成化、模块化的方向发展。即加大在车间的土建和设备安装的预制量,利用施工现场的大型起重设备将模块组件直接吊装至施工部位.以节省施工现场的施工时间。此类施工方式,将对施工现场土建和安装施工总体协调提出更高的要求。

以下以岭澳核电站为例对核电站土建施工的主要施工特点予以介绍。

1. 厂房结构复杂、施工难度大

核电站主要厂房包括核岛厂房和常规岛厂房两部分。核岛厂房包括反应堆厂房(RX)、燃料厂房(KX)、核辅助厂房(NX)、电气及连接厂房(LX)、柴油发电机厂房(DX)等主要厂房。常规岛厂房主要包括汽轮机厂房(MX)、主变压器和降压变压器平台(TA)、联合泵房(PX)等。所有厂房均为现浇钢筋混凝土结构。

核电站厂房内的设备数众多、核安全要求高,使得厂房内的混凝土结构极为复杂,形状怪异。例如反应堆房的内部结构为包容的直径为 39 m 的圆筒形安全壳在内的多层厚重钢筋混凝土墙板结构,主要由底板、一次屏蔽墙(堆心)、二次屏蔽墙、隔墙、6 个楼层板和反应堆不锈钢水池等部分组成,标高从 -4.5 m 到 +34.00 m。墙体厚度不等,最厚处达 2 440 mm,最薄处也有 300 mm,墙体拐角极多。同时为了以后核电站运行的安全,内部结构施工还包含大量的特殊部位的施工,主要包括底板内多种测量仪器仪表的预埋、堆芯钢结构环梁褐铁矿混凝土施工、堆芯中子探测器定位构架和底板的安全注射水箱定位架等大量的环型高精度预埋件安装、反应堆不锈钢水池的混凝土施工和不锈钢施工等。施工工期短且所有的施工部位均集中在有限的空间内完成,施工困难大。

2. 施工周期长

核电站正式工程的建设用期一般为 60 个月左右,主要包括 3 个阶段:正式开工前的施工准备期 10 个月,正式开工至钢衬里穹顶吊装 22 个月,穹顶吊装至出全壳打压试验结束的装修、核清洁等施工 28 个月。核电站土建施工受到核安全、建造工艺等因素的制约,可压缩的空间不大,对施工环节要求高。施工中应合理规划,防止无谓的浪费。

3. 投资规模大

在国内,百万千瓦级的核电站其建造成本一般为人民币 300 亿元。岭澳核电站是一个技术密集、资金密集的项目,而对土建施工而言,其中建造成本大约为 20 亿人民币,所占的总比例虽然不大,但绝对数字仍然十分可观。在核电站建设周期内如何更好地使用这些资金,也是一个需要认真研究的问题。

4. 工艺复杂,施工接口多

核电站建设是一项系统工程,涉及的专业是庞杂的,而土建工程只是其中的一小部分,但涉及的专业及施工工艺却也是繁多的,主要包括:混凝土施工、模板施工、钢筋预应力施工、各类仪表安装、防水施工、核清洁施工、防雷接地施工、钢衬里施工、不锈钢施工、油漆施工、预埋件施工、管道安装、门窗施工、堵洞和嵌缝、围护结构施工、围栏施工、无损检测以及混凝土试化验等。

同时,核电设备安装工作介入很早。部分设备需在土建结构封闭之前提前进入。有大量的土建工程要与安装工程交叉施工,部分房间要与安装单位移交与反移交多次。因此,要求土建施工与安装单位要密切配合,加强协调,确保计划节点按时完成。

5. 质量要求高

由于核安全法规的要求,对核岛工程质量有着不同于一般项目的要求,制定有严格的质量标准和技术规范,有些误差要求要以毫米计算。因而,在质量管理上,要求建立项目上专用的质量管理体系、严格的检查控制制度,强调过程控制,多级检查,层层把关。

二、主体工程土建施工组织及施工准备

核电站土建工程施工,由于其质量等级高、结构复杂、投入人员和设备多,施工准备和施工组织工作是保障项目顺利实施的先决条件。我国在近 20 年的核电站建设历程中,由学习到实践,积累了相当多的核电站建设管理经验。以下以岭澳核电站的CPR1000 堆型项目核岛厂房的土建施工为例,从组织机构、人员组织、材料采购、机械设备的管理、生活和生产临时建筑、施工方案和工作程序、混凝土试验和供应链准备等方面进行阐述。

(一) 项目组织机构

项目经理部领导班子由项目经理、党委书记、项目副经理、项目总工程师、项目总会计师等组成,实行项目经理负责制。项目组织机构详见图 5-1。

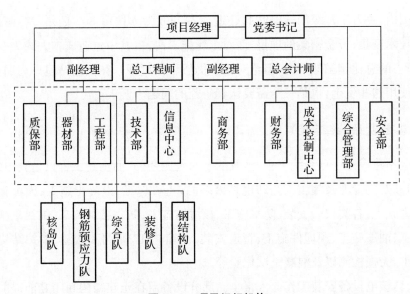

图 5-1 项目组织机构

(二) 人员组织

CPR1000 堆型的土建主体设备及主体施工期一般为 6 年,项目经理部可配置管理人员年均人数约为 196 人左右,施工高峰期年均约为 250 人,工人全员劳动力高峰期时,共有人数约为 2 300 人,管理人员和工人比例为 1:10。岭澳核电站建设期土建施工人员情况见表 5-1。

表 5 - 1　岭澳核电站建设期间土建施工人员配置　　　　　　　（人）

人员类别	序号	工种	第1年	第2年	第3年	第4年	第5年	第6年	年均人数
管理人员	1	职员	180	190	200	193	164	78	168
工人	2	木工	122	231	368	266	155	35	196
	3	瓦（灰）工	146	82	136	182	153	47	124
	4	混凝土工	64	137	159	92	31	12	83
	5	架子工	19	15	30	29	22	10	21
	6	钢筋工	74	188	319	208	100	28	153
	7	铆（焊）工	36	113	161	216	165	53	124
	8	油漆工	14	20	52	76	63	32	43
	9	机械人员	59	97	151	123	73	39	90
	10	其他	111	350	491	350	267	96	278
合计			644	1 232	1 868	1 541	1 028	351	1 110

（三）材料供应

材料供应的主要工作环节包括编制采购文件、供应商选择、材料采购招标、合同谈判、合同履行、物资进场、物资发放、物资回收。

核电站建设初期，由于采用国外技术，使用国际标准，我国核电站建设材料主要依赖进口。经过近 20 年的努力，国产材料已逐步适应了国际上的一些通用标准，虽然目前国内尚未形成系统的核电站材料配套供应商，但许多有预见性的材料生产企业已逐步进行调整，并确定了服务于核电的发展方向。目前，核电站建设所需的主要材料，包括钢筋、水泥、钢材、防水材料、普通油漆等都已经在国内采购，而预应力钢纹线、预应力钢管、设备闸门等也正在进行国产化的代换工作，但仍有部分材料需进口解决，主要包括：不锈钢衬里、预应力锚固系统、永久性仪表、钢衬里钢板、防辐射油漆、嵌缝和堵洞材料、迪威达钢筋、哈芬导轨等。在以后的工作中，进口材料国产化仍将是材料采购中的一项长期任务。

核电站土建工程建设期间材料采购的基本要求是保证质量、保障供应和控制成本。为了达到要求，采取的主要措施包括严格进行供应商资格评审与管理、材料计划进行分级管理、严格实行编审批责任制、实行采购项目成本责任制、主要大宗材料严格进行招标采购、对重要物资的生产供应进行必要过程监督，严格控制进场物资的复检工作等。

（四）机械设备管理

核电站土建施工过程中共投入使用的机械设备共 3 500 台/套左右,主要设备的具体情况见表 5-2。

其中以塔式起重机群和混凝土生产链设备的管理最为重要。

表 5-2　核电站土建施工投入使用的机械设备

序号	设备名称	单位	数量
1	生产车辆	辆	49
2	土方机械	台	20
3	起重机械	台	47
4	混凝土施工机械	台	59
5	油漆喷砂设备	台/套	22
6	钢筋联动设备	套	30
7	预应力设备	台	37
8	焊接设备	台	140
9	机床锻压设备	台	39
10	木工设备	台	15
11	测量设备	台	33
12	焊化实验设备	台	48
13	通用设备	台	51

1. 塔式起重机群的管理

塔式起重机群管理的重点为塔式超重机群的使用、维修、保养工作。塔式起重机的安装由具有国家认可的拆装资质的拆装队进行安装,并按《特种设备安全监察条例》的规定到地方质量技术监督局进行申报,经当地特种设备检验所检验取得检验合格证后,将安全检验合格标识牌固定在塔式起重机的显著位置后方可投入使用,并按规定两年一检,确保安全使用。

塔式起重机群的使用调度由工程部门在现场配备一名调度员,各使用单位提前一天提出需用计划,调度员结合现场实际统一安排每台塔式起重机的工作任务。塔式起重机实行"定人、定机、定岗位"的三定制度。

塔式起重机实行"125 h、250 h、500 h、1 000 h"运行间隔的强制保养制度,每月编制塔式起重机强制保养计划,塔式起重机强制保养计划与施工生产计划同时下达,建立塔式起重机保养维修台账。操作工在工作前、工作中、工作后对所操作塔式起重机自检及日常例行保养,主要按照"十字作业法"进行。起重工在工作前、工作中和工作后,对起重钢丝绳、吊索吊具、各种安全装置(如限位器、锚定装置、防碰撞装置等)进行全面检查与鉴定,及时更换不合格产品。

2. 混凝土生产链设备的管理

混凝土生产链设备包括采石设备、碎石加工生产线、搅拌站、布料机、拖式泵、混凝土泵车、混凝土搅拌运输车等组成。

混凝土生产链设备的操作人员实行操作证制度,必须经过培训并取证,做到"四懂四会",即懂结构、懂原理、懂性能、懂使用规程;会使用、会保养、会检查、会排除故障。经考试合格领取操作证,持证操作,操作证定期复审。

为使搅拌站工作满足生产需要,保障设备正常运转,对搅拌站设备建立四级维护制度:小时维护、日维护、周维护、月维护。在特殊情况下,混凝土生产量比正常生产量大或浇筑安全壳混凝土以前要全面、系统性地维护搅拌设备,做好准备工作,在进行中每 4 h 检查一次叶片的紧固情况,保障生产顺利进行。

为使泵送设备满足施工生产的需要,做到及时供应、满负荷运转,必须对泵送设备进行强制计划保养。操作人员做好日常保养的情况下,由修理车间作定期保养。

(五) 生产和生活临时建筑

核电工程生产临时建筑布置对核电站建设的影响至关重要。岭澳核电站土建施工期间,其生产临时建筑主要包括项目办公楼、土建试验室、混凝土搅拌站、钢筋工、木工车间、混凝土预制件厂、钢衬里车间、喷砂油漆车间、预应力车间、机修车间、无损探伤室、物资供应仓库、大型设备停放场地及材料堆放场地等。同时在施工现场设置有现场办公室、厕所、现场医务室、周转材料的堆放场地等来保证现场施工的顺利进行。

施工现场临时供电采用树干式和放射式相结合的方式,分多级由外向里逐级分布供电点,并按照"三级配电两级漏电保护"和"一机一闸一漏一箱"的原则对施工现场的临时供电进行布置。现场供水、供气采用环网,并以放射式的方式分多级由远向近、由下向上逐级分布供水点和供气点。

为方便现场施工,生活临时建筑应布置在离开现场不超过 12 km 范围内。生活区根据国家有关生活用房设施参考指标,计算配备相应的职工宿舍。另还需在生活区配备卫生所、培训中心、食堂、体育设施等辅助建筑。并配备多辆大客车,作为职工上下班运输工具。

(六) 技术文件的准备

技术文件主要包括施工方案和工作程序。

施工方案分为三个层次。第一层次为施工组织设计，在整个项目开工前编制，确定一些重大的施工方案，如总平面布置方案、混凝土施工方案、模板施工方案、钢筋工程施工方案、钢衬里施工方案、穹顶吊装方案、预应力施工方案等，为整个核电站的建设奠定基础；第二层次为每一分项或专项工程施工前，在施工组织设计的基础上对分项工程或专项工程的施工进行具体的规划，制定实施方案；第三层次是在施工过程中，每一具体部位施工的编制，如混凝土施工分层分段方案、模板配置方案等。

工作程序是对某一分项或专项工作制定具体的操作方法与步骤，即相当于作业指导书，根据工程进展和需要分阶段编制。一般整个核电站土建施工过程中需编制工作程序300余个。

（七）混凝土及混凝土供应链的准备

由于核电站一般建设在海边，并具有运行时间长和核安全要求高的特点，因此对混凝土的施工质量具有极高的要求。为了保证混凝土供应的质量，应做好混凝土的配合比试验，同时建设专用的砂石厂和混凝土搅拌站。由于混凝土配合比配制时间较长，一般核电站建设的首要任务是砂石厂的选址和搅拌站的建设。

1. 混凝土配合比试验

岭澳核电站按照不同厂房不同使用部位和不同使用功能的要求有数十种不同的混凝土配合比。混凝土类型包括按照法国标准配置 15～40 MPa 结构混凝土，按照国家标准配制的 C15～C30 的混凝土，同时包括重晶石混凝土、褐铁矿混凝土、纤维混凝土等特殊混凝土。在所有混凝土中，按照法国标准生产的 40 MPa 结构混凝土由于其主要用于反应堆厂房安全壳，尤为重要。

混凝土配合比试验内容主要包括初步配合比试验和可行性试验。初步配合比试验是在试验室研究和得出的满足施工所要求的各种质量技术要求的基本混凝土配合比，可以为可行性试验提供合理配合比，并在可行性试验过程中研究各种参数的影响以便在以后进行指导修正。初步配合比试验除进行常规的试验项目外，一般还要求做 90 天抗压强度试验和 28 天抗拉强度试验。

可行性试验也称验收试验，目的是验证初步配合比试验中确定的混凝土配合比在实际现场条件的制作和浇灌过程中其主要技术指标是否符合技术标准的要求，是否满足施工的需要。可行性试验内容主要包括坍落度试验、90 天抗压强度试验、水泥试验、28 天抗拉强度试验、和易性试验、试样的比重试验、混凝土产出试验（按配合比生产混凝土时，测定其实际体积与理论体积之比）、泵送试验（需泵送的混凝土按核准的配合比设计，要求在最不利的施工条件下进行泵送试验并取得成功）等。

2. 砂石厂和搅拌站的配置

砂石场设在核电站周边,其原石料来自核电站周边的石料开采区。砂石的生产由专业队伍运作、管理。除了满足核岛、常规岛土建施工所需的砂、石骨料供应外,还应满足辅助工程、结构回填、海洋工程等的砂石骨料供应。其混凝土总量约 60 万立方米,砂石供应总量达到 120 万 t,砂石场生产运行时间估计约 5 年。

搅拌站一般设置在施工现场,一般分为核岛厂房搅拌站和常规岛厂房搅拌站。每个搅拌站均配备有自动化强制搅拌机 2 台,单机搅拌容量 1.5 m³,产量 60 m³/h,搅拌时间 35 s,可连续 24 h 生产混凝土,可选择手动、自动和全电脑控制等模式。同时每个搅拌站最少需配 6 辆 8 m³ 混凝土罐车、4 台 87 m³/h 布料机、4 个 87 m³/h 地泵、1 台 50~80 m³/h 泵车,方能确保土建工程的所有混凝土生产、运输、泵送供应。混凝土的供应由专业队伍运作、管理,统一对混凝土生产计划的编制进行动态调整,以保证满足并完成最大量的生产任务,保证混凝土的质量。

三、施工现场的管理

核电站施工现场的管理主要包括技术管理、进度管理、质量管理和安全管理等几个方面。

(一) 技术管理

由于核电站结构的复杂和核安全的重要性,核电建设中对承包商施工技术管理的要求就更高。同时由于我国的核电站的堆型不一致,提供建造安装技术的国家不一致,各个核电站的技术管理方法也有很大的不同。例如岭澳核电站为法国技术的压水堆、秦山三期核电站为加拿大技术的重水堆、田湾核电站为俄罗斯技术的压水堆。各个核电站建安期间的技术管理模式均受到了技术引进国的影响。总的来讲,从技术管理模式上,岭澳核电站侧重于施工现场的技术监督和指导,秦山三期核电站侧重于技术集中管理,田湾核电站则介乎二者之间,但所有核电站的技术管理模式都大同小异,主要包含了以下几个方面。

1. 组织机构的建立

为了更有效地执行对核电施工的技术管理,承包商建立了完整专业的土建工程技术管理组织机构。技术管理实行以总工程师为总负责,技术部和施工队技术组为骨干的管理模式。

2. 各技术部门或主要人员的职责

根据工程需要和组织机构设立的要求,对各个技术部门或主要人员的职责有了明确的要求,具体内容如下:

（1）项目总工程师主要工作职责

项目总工程师全面主持工程施工技术管理及协调工作,对现场施工技术负责。其主要的工作内容包括:主持工程施工组织总设计、重大施工技术方案、施工设计文件和作业工作程序的编制并批准;主持解决施工中的重大技术问题;负责现场材料需求的技术要求和材料技术规格书的批准,主持材料使用或代换的各种专题会及材料采购合同的技术谈判,并对其中技术条款进行最后审核;负责组织制定工程技术培训总体计划。

（2）技术部主要职责

技术部作为现场所有技术工作的具体实施单位,主要侧重于技术文件的编制。其主要工作内容包括:编制施工全过程中的施工方案、现场工作程序及工作细则,编制主要施工方法图和技术交底,编制材料需用计划和各种加工计划,编审工程变更性技术文件,分析技术规格书和其他技术标准、规范要求,对工程材料、设备提出采购技术要求,绘制工程竣工图纸,负责生产、生活临时建筑和总平面的设计和调整,负责项目部对外的技术接口。

（3）各个施工队技术组的主要职责

施工队技术组包括:钢筋预应力技术组、综合队技术组、核岛队技术组、BOP队技术组、装修队技术组、钢结构队技术组等。

施工队各个技术组的技术人员一般称为技术监督,工作主要侧重于监督技术文件的执行,其主要职责包括:负责组织做好本队范围内的施工质量和进度控制工作,配合做好安全、文明施工的管理;具体负责质量保证大纲、管理程序和工作程序等技术要求在本队的实施,建立队内质量控制体系;组织完成图纸、技术规范、施工方案、工作程序和进度计划在队内的实施;负责配合相关人员按要求管理技术文件资料,编制施工跟踪档案,接受安全质保部的监督和检查,并按规定移交安全质保部;在工程施工前,负责组织质量、安全、技术交底;负责本队和技术部接口及组织现场检查、交底、处理技术问题、提交损耗材料计划等,并完成相关的队内技术工作。

（4）信息中心职责

信息系统的完善和良好运行对工程的技术管理是极其重要的,因此需设立信息中心。信息中心又包括计算机中心和资料中心,其直接隶属于项目总工程师的管理。

计算机中心的主要任务:负责本公司内部网络系统建立、维护和保养;组织建立信息平台,参与成本控制、资料管理等有关计算机方面的工作;负责日常硬件和软件的维修、保养,保证各单位电脑处于正常的工作状态;组织开发和实施项目总经理部的各种工作软件及使用指导,为项目部范围内的所有用户提供信息支持的服务;负责操作人员的各项培训。

资料中心的主要任务:按程序要求,负责现场内、外工程施工技术及管理文件、图纸、信函、材料报批单、规范、技术变更的管理和正式信函的处理,并制定保管文件总清单;按确定的发放清单实施文件分发,处理作废文件,对存档文件实施管理,包括分类、编目、索引、保管及处理,制定查阅规定;建立图纸、技术变更清单;负责制作电子版竣工文件,并提交业主。

3. 主要技术工作实施

根据工程建设的需要,核电站的技术工作主要包括技术文件的编制工作和技术文件的监督执行。前者主要包括:施工技术方案和程序的编制、各类材料采购计划文件的编制、变更性文件的管理、施工文件的管理、施工文件状态的修改和竣工图制作等,责任部门主要在技术部和信息中心。而技术文件监督执行的主要执行部门在各个施工队的技术组。

(1) 施工技术方案和程序的编制

① 编制流程

施工技术方案和程序编制流程见图 5-2。

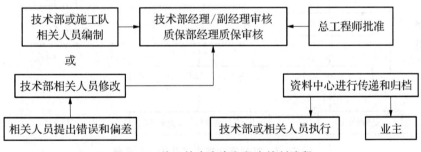

图 5-2　施工技术方案和程序编制流程

② 方案和程序的编制要求

方案和程序的编制依据为设计文件和相关的规范,编制要求包括:具有合理性、实用性;文字部分要简练,尽量用施工图说明问题,必要的计算必须有;程序篇幅不要过大,主要是要具有可操作性;相关图纸应用 CAD 绘制,主要使用 A3 或 A4 规格的纸打印,图面要求布置合理、制图规范、字体工整。对大型的方案图也可采用合乎国家制图标准要求规格的图幅绘制,所有图纸必须保留电子版;方案和程序要有统一的封面,大型的图纸要有统一的标题图框,要注有文件编码、状态、版次、日期、页数、页次等;方案和程序中要包含构件(加工件)统计表及主要材料用量表。

③ 施工技术方案和程序的审核、批准

所有方案和程序均由技术部编制后,由技术部经理或副经理进行技术审核,质保部经理进行质保审核后,由总工程师或副总工程师批准。

④ 施工技术方案和程序的修改

方案和程序在发布实施后,若在使用过程中发现错误或由于施工使用文件的变更,现场施工条件的改变而造成方案的不合理性和不实用性必须进行修改。对方案和程序中一般的错误及偏差、可由各有关单位提出,并把相关的纠正意见反馈给文件的编制人员进行修改,技术部经理/副经理进行技术审核,质保部经理进行质保审核后,由总工程师或副总工程师批准后发布执行。

⑤ 其他要求

方案和程序封面应由资料中心统一提供编码,由编制人员按要求正确填写。方案和程序的原件必须送交资料中心存档,资料中心按有关要求分发、传递。

(2) 材料采购技术文件的编制

材料采购技术文件的编制流程见图 5-3。

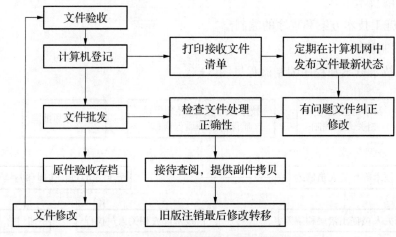

图 5-3　材料采购技术文件的编制流程

各有关技术人员要根据进度安排来组织编制材料采购技术要求、加工计划、材料需用计划,由相应分管人员审核,技术部经理或副经理批准。

4. 施工文件的管理

施工文件的管理主要由资料中心来进行,主要包括以下文件:来自业主的施工图纸和技术规范;来自施工单位内部的方案、程序、施工图纸、施工方法、各种计划、质保保证文件、会议纪要等;技术变更文件、施工单位与业主等外部单位间的公函等;土建工程合同等。

资料中心管理的文件按图 5-4 中所示的流程进行。

图 5-4 资料中心文件管理流程

（二）进度管理

核电站建筑投资大、建设周期长、参与单位多,土建主体和装修高峰同期并行。核岛结构复杂,核岛区域内共有近 20 座厂房,有预应力钢筋混凝土结构、现浇钢筋混凝土结构、钢结构、不锈钢水池等。各厂房高低错落,厂房内层高不统一,错层多、夹层多;各厂房彼此相连,基本在同期开工,交叉施工多,相互影响大。厂房建造期和安装接口多,移交房间约 1 630 多间,从初期开始主体和装修施工同步进行。主体建造时有安装承包商大型设备引入房间,土建装修完成后土建承包商进行第一次房间移交,安装承包商进行安装作业,之后安装承包商"返移交"给土建承包商,由土建进行遗留项处理等,经冷试、热试,最终装修及清洁之后由土建承包商将厂房移交给业主。

核电站土建施工计划总工期从核岛厂房的第一罐混凝土至 1 号反应堆厂房(1RX)穹顶吊装一般在 22.5 个月,至 2 号反应堆厂房(2RX)安全壳打压试验结束 58 个月左右,土建主体施工高峰期从开工后 8 个月左右开始,约持续 16 个月。装修工作从开工 7 个月后开始,与土建高峰期并行,在开工 8 个月后开始移交房间进行安装。

进度计划作为项目管理的龙头,在整个施工过程中以计划—协同—跟踪—管理—控制—积累为主线进行进度计划的管理和控制。

1. 计划分级及编制原则

施工进度计划分为:一级、二级、三级、6 个月滚动计划、月计划、周计划、日计划和专项进度计划。

（1）一级进度计划

一级进度计划为核电站工程里程碑规划进度。由业主编制,确定工程的主要关键日期和主要中期目标的总体工程进度计划。

（2）二级进度计划

二级进度计划为合同计划。由业主编制的控制协调进度,该进度与一级进度一致且活动分项更详细,工程展开时,需要依靠这些进度实现承包商之间协调和接口控制。

（3）三级进度计划

三级进度计划是业主在招标、投标阶段根据一、二级计划向参加投标的承包商提出的计划要求，由各承包商据此编制各自的计划报送业主，经双方协商一致后被列为中标承包商承诺，并将此三级进度作为合同附件。作为合同执行的基础件文件。

（4）6个月滚动计划

以三级进度计划为基础，编制6个月滚动计划，每3个月滚动一次。此计划以周为单位编制，又称为"四级进度计划"。6个月滚动计划是施工承包商在整个项目实施过程中的关键计划，是计划管理和控制的核心，在整个计划管理系统中起到了承上启下的作用。它既包含了可以指导实际施工的前期详细施工计划，也包含了对后期施工的预测，为材料采购、技术文件准备和提交以及对各方面的协调、接口提供了准备条件。

6个月滚动计划根据合同计划和合同里程碑进度要求编制，承包商项目经理批准后提交业主，业主核准后发布实施。

根据不同工程分类，土建、钢结构、装修、油漆等分厂房分别编制。每个计划要分部位、分层、分段、分专业、分工序以周为单位编制，标明本阶段工程量、开工日期及形象进度控制点和工程量、劳动力需求曲线（或直方图）。

6个月滚动计划每3个月修改一次，即每3个月向前滚动一次。计划的前3个月为详细的施工计划，后3个月为预测计划。每期计划应包括前期半个月的实际进展跟踪计划，所以6个月滚动计划实际时间段为6.5个月。

（5）月进度计划

根据6个月滚动计划。每个月编制一次，以日为单位编制。

月进度计划根据6个月滚动计划编制，承包商主管生产的项目经理审核，项目经理批准提交业主，业主核准后发布执行。

月进度计划，其内容是6个月滚动计划的细化，只是时间仅限于1个月。每个厂房1个计划，每个计划都要根据不同施工分类，分部位、分层、分段、分专业、分工序，以日为单位编制，并标明各活动的工程量、劳动力需求和相应的曲线（或直方图）。

（6）周进度计划

按2周编排，第1周为本周要执行的计划，第2周为下周预测。到了下周，把预测的计划提上来，列为执行计划，再安排下周的预测计划，周计划也是滚动计划。

周进度计划根据月进度计划编制。经批准后实施，并提交业主备查。周进度计划是定量性计划，比月进度计划更为详细，更具有操作性，凡是条件变化了的、都要在周计划上加以调整。周计划要有工序穿插作业的时间、工程量、设备和劳动力安排。

（7）日计划

主要编排的日计划有塔吊日使用计划，大型机械的调度计划及搅拌站的日计划。

日计划的主要目的是平衡大型机械、塔吊和混凝土搅拌站订购量、水电气协调等，保证第 2 天的目标，也为第 3 天创造条件。

（8）专项进度计划

专项进度计划包括赶工专项进度计划和特殊、关键工程专项进度计划，主要是为满足现场赶工需要和对特殊、关键工程以及接口协调较多的项目（如穹顶吊装、预应力、不锈钢、房间移交等）进行整体有效跟踪、控制、协调而编制的计划。

专项进度计划编制后由主管生产的项目经理审核。项目经理批准后提交业主，业主核推后发布执行。

专项进度计划的编制应根据具体的需要按周或天为单位编制，它要包括与该专项施工相关的一切施工活动和图纸、材料、设备机具等的提供、采购和准备工作。

2. 计划编制

（1）素材准备

在开始计划的编制之前，计划编制人员首先应该准备并清楚地了解计划的基本素材，包括工程合同文件，图纸及相关文件，施工方案和主要工艺流程，施工主要材料、设备、劳动力的来源及目前状况和限制条件，劳动消耗定额及其主要控制目标，与业主或其他承包商的接口及协调，本次计划的分组，现场实际进展及存在问题和解决方案等。

（2）基本工程信息的建立

基本工程信息的建立包括企业结构、组织结构分解、资源、角色和分类码等的建立。在工程之初，应该首先考虑到的是本项目的管理组织机构，它界定了对本项目不同级别进度的责任人和相关权限的范围。对计划使用的资源包括人、材、机等进行分类输入；对不同管理层、不同资源定义不同的角色，对不同的厂房、不同的工程分类、不同的工作内容定义相对的编码规则，以便于满足不同管理层不同的需求。这些数据应在项目之初确定并建立，当然，随着工程的进展、管理机构的调整和新资源的采用，这些基本信息是可以调整和更改的。对一些特殊的项目，可以定义其项目级别的基本信息。编码规则按相关程序统一执行，确保数据信息的一致性。

（3）WBS 分解及活动内容的建立

WBS 即工作分解结构。是编制计划非常关键的步骤。核电站工程的施工计划分为 7 个级别，由承包商编制的计划有 5 个级别，不同的计划对应不同的 WBS 分级。

根据 WBS 分级的不同，相应的活动内容所涵盖的范围也不相同，该活动应与相应的 WBS 分级一致。

（4）输入活动及逻辑关系

确定活动的类型和它们之间的逻辑关系，便于对进度进行计算、优化、跟踪和管理。

（5）角色、资源的分配

角色和资源分配是编制计划的另一关键步骤。对不同的角色赋予不同的资源，在核电站工程中我们只对主要资源进行控制。

根据活动的内容和工程量以及相关的劳动效率系数，确定该活动所需要的资源。

（6）责任、风险、问题及临界设置

对每一具体活动设置责任人，通过对相应 WBS 级别进行风险和问题设置，并确定风险的临界值，来实现对关键路径的控制、责任的划分、风险的控制及预测问题的产生及解决。

（7）计划优化

根据以上步骤编制的计划仅仅是一个雏形，特别是对三级进度、6 个月滚动计划和月计划来讲。由于相对的活动周期较长，涉及的工作内容、工艺流程及接口多，所以必须对计划进行分析和优化，将全面、切实可行、优化的网络计划作为项目控制管理的目标计划。

计划的分析和优化主要应针对关键路径上的作业和合同规定的里程碑及关键日期。根据不同的情况，常采用的优化方法是：资源平衡或增加资源投入、采用交叉或平行作业、工艺流程的进一步合理分解等。这些方法在计划软件使用手册里都有详细的描述。

（8）基准工程的建立及计划发布

通过以上步骤，建立一个该计划的副本，作为以后计划跟踪、调整和分析的基准，称为基准工程。

3. 控制和执行

（1）经批准发布的计划具有严肃性和约束力，必须按计划的要求执行，严禁私自调整、更改，计划的唯一调整和更改部门为公司计划编制部门。对三级进度计划的调整必须经由业主许可，并报业主审核批准后发布实施。6 个月滚动计划、专项进度计划和月计划调整后必须经业主批准后发行实施，周计划和日计划必须由项目生产经理批准后发布实施。

（2）各执行部门的正职是完成计划的第一责任人，他必须负责各项计划实施的条件落实和监督、检查计划的实施，并将实施的情况向项目经理部汇报。

（3）根据施工进度计划的要求，各相关部门编制相应的人力、资源需要量计划，如劳动力计划、现金流量计划、钢筋、模板、砂、石、水泥和物资供应计划以及图纸、文件的准备计划,并及时追踪检查,确保人力、资源、技术保障等条件满足计划执行的需要。

(4) 建立健全月(周)报制度,将上 1 个月(周)完成情况包括工程量(模板、钢筋、混凝土、钢结构、油漆等)和实际人力情况(每一工程分类所使用的实际工时)按厂房进行统计,并在当月计划中给出预测和分析。

(5) 项目部每周召开内部生产协调会、各种类型的碰头会,检查计划的执行情况和潜在的问题,从中得到反馈的信息,发现偏离,查找原因,提出相应的保证施工进度计划完成的措施。

(6) 当发现现场实际进度偏离施工进度计划,计划部门需编制赶工计划,并会同有关部门提出赶工措施,公司计划协调部门负责协调及监督实施。

(7) 制定出为完成进度计划的各种奖惩条例,保证施工进度计划的严肃性和权威性。

4. 接口及协调

公司主管计划的部门统一负责计划的编制、跟踪、监督,各部门在计划的编制、实施过程中给予积极的配合。主管计划的部门还负责业主相关部门与公司内部的接口及协调管理。

5. 管理组织机构

为切实保证计划的有效实施和计划的权威性和约束力,建立以项目经理挂帅、主管生产的经理主管、计划部门落实、各相关部门配合实施及时反馈的计划管理机构,形成计划从上到下的发布、管理和从下到上的反馈、跟踪管理机制。

6. 进度计划保证措施

(1) 施工管理措施

加强现场的施工管理,对工程的进度、质量、安全、成本等综合效益进行高效率有计划的组织协调和管理,确实达到安全、环保、有序、协调、团结、高效的管理目标,保证进度计划的有效实施。

施工管理措施:
① 加强施工现场垂直和水平运输的协调和管理。
② 保证临时道路和通道的清洁、安全、畅通。
③ 保证供水、供电、供气系统的正常运转和协调。
④ 保证材料、半成品、成品的供应和分类、整洁、有序。
⑤ 保证生产、生活临时设施的配备。

⑥ 保证永久性坐标点、水准点的保护和精确。

⑦ 保证消防、排洪、排水设施的维护和到位。

⑧ 加强现场安全和环境管理，提供安全、清洁的施工环境。

⑨ 加强现场施工的工艺和过程控制，加强现场 QC 检查力度，控制和减少不符合项，保证施工质量。

⑩ 加强与业主和其他承包商的配合及协调，认真、及时地完成上游工序，为其他承包商的顺利施工创造条件。

（2）技术保证措施

进度计划的有效实施是和施工技术紧密相关的，要在不断总结核电站施工经验的基础上采取更加先进、科学、合理的施工技术方案。

首先，技术准备工作要提前完成。在正式工程准备阶段组织各方面技术人员对所采用的技术规格书（B.T.S）和技术方案包括具体的分层分段、施工工艺进行认真、深入的总结、研究，重点关注易产生不符合项的部位，根据工程的具体要求和特点，找出存在的不足和问题，提出更加先进、科学、合理的方案和施工工艺，并进行认真的论证，为进度计划的编制和实施提供科学的依据。

其次，在具体施工过程中要认真研究图纸和文件资料，为现场施工提供及时的技术服务和保障。技术工作要有前瞻性，应及时发现后续施工中可能存在的技术问题并及时解决，保证现场施工的连续性。

（3）物项保证措施

物项保证是保证进度计划顺利实施的前提和关键。所有的材料和工机具都必须按计划要求提前准备、采购和进场，其中最关键的是特殊的国外采购材料和设备。材料设备的采购订货应在正式工程准备阶段完成，按进度计划要求分批进场，以保证进度计划的顺利进行。

材料和设备采购要本着首选国产、择优、就近、就地原则，确保供货渠道畅通，供货及时到位，并合理安排储备。

（4）其他保证措施

包括资金保证措施、奖励及激励措施、后勤保障人员培训等各方面的协助配合措施。项目资金必须保证专款专用，不允许挪用到其他项目或做其他用途，确保现场物资供应和人员工资及奖金，避免由于资金问题造成工程延误。根据进度计划制定月度现金流量表，为工程的资金需求提供预测和控制。在工程款未能满足现场使用的情况下提前做好银行贷款计划和落实工作，确保现场施工的顺利进行。

（三）质量管理

核电站工程由于其具有的投资大、周期长、工艺复杂、质量要求高等显著特点，特别是核安全要求尤为重要,其建设质量管理成为一项非常重要的任务。

国家核安全局发布的《核电厂质量保证安全规定》及相关导则是所有参与核工程的单位必须遵守的核安全法规。

1. 建立和运行质量保证体系

(1) 质量保证大纲

《核电厂质量保证安全规定》要求,所有承担核电站中对安全重要物项和服务的质量具有影响的工作的各组织,都必须按照合同以及核安全法规的要求,建立质量保证大纲。

土建工程承包商在核电站土建工程施工中,按照合同及核安全法规要求,建立《核电厂土建工程施工质量保证大纲》(以下称质保大纲),该大纲对核电站土建施工的组织结构、文件结构和记录结构以及各要素的实施作出了描述。

质保大纲包括4个层次的文件,分别为:质保大纲(概述);管理程序;工作程序;质量文件。

质保大纲是进行质量管理和质量保证工作的基础性、纲领性文件,具有强制性,所有从事与质量有关工作的组织、单位和人员,都必须严格按大纲要求工作,对所承担的工作的质量负责。

(2) 核电站土建工程施工的组织结构

建立一个有明文规定的组织结构并明确职责、权限和接口关系及方式,是核安全法规中明确作出的要求。

土建承包商的组织结构具有如下重要特征:

① 根据核电站施工的进度计划,制定人员进场和退场计划并有效实施,是确保核电站建设队伍始终满足工程需要,保持组织结构合理、优化、高效、精干的有效措施。

② 明确职责、权限及接口关系。在强调领导作用的前提下,对各部门的职责、权限和接口关系做出明确和合理的规定,是确保组织结构有效运作的根本保证。

③ 建立独立于其他部门的质保部,强化质保部在行使检查、监察、监督和验证工作中的独立职能地位。赋予质保人员足够的权力和组织独立性,可向最高管理者以至于更高一级的部门报告工作。

④ 建立适合于自身特点的企业文化,强化对员工的敬业精神和职业道德教育,强调核安全文化,强调团队精神的重要性。

(3) 核电站土建工程施工的记录结构

记录是为已完成的活动或达到的结果提供客观证据的文件,是质量保证大纲有效运行的证据。

核电站质保记录按其作用分为永久性和非永久性两类,永久性记录用于证明永久性工程满足质量要求的程度,非永久性记录是为证明质保体系有效运行或用以证实可追溯性、纠正和预防措施的目的。

核电站永久性记录分别为施工跟踪档案(ETF)和质量计划(QP)。ETF 适用于混凝土工程、装修工程等土建项目,而 QP 适用于土建安装项目,如钢衬里、不锈钢衬里和主要钢结构等。

核安全导则中对永久性和非永久性记录的范围作出了规定。

(4) 核电站土建工程的质量策划

核电站土建工程具有与一般民用工程不同的特点,其工程复杂,工程子项多,技术和工艺要求高,质量要求非常严。因此,做好核电站工程的质量策划是确保工程质量的前提。

质量策划的方法是:对要完成的任务作透彻的分析,确定所要求的技能,选择和培训合适的人员,使用适当的设备和程序,创造良好的开展工作的环境,明确承担任务者的责任。

质量策划活动包括总策划和单项策划两个层次:

总策划是针对整个合同范围进行的,是对合同范围内的工程规模、重点、难点、敏感点、进度安排、总体施工方案、资源准备、组织机构、质保、采购、商务等方面的工作进行的总体策划,最终形成施工组织总设计。施工组织总设计对确保工程施工的质量和进度具有重大指导作用。

单项策划是就某一独立的工程项目进行的。这项工作一般根据施工进度计划在该工程开始施工前进行。单项策划的内容包括:组织准备,人员(特别是要求具有特定技能的人员)准备,材料、设备、工具的计划、采购和配备,技术准备,程序准备,文件和记录的准备等方面,以确保该单项工程的质量。

(5) 核电站土建工程物项、工艺分级控制

应根据物项对核安全的重要性,确定对物项的相应控制和验证的方法或水平。

合同对各类构筑物(结构)的质保等级给予了明确,并对质保等级的定义作出了规定。

不同的质保等级,其适用的质量保证规范书的内容是不同的,按质量保证要求的高低程度,依次为 Q1 类最高,Q3 类次之,QNC 类最低。

对核电站工程实施分组控制,根据其对核安全和电厂可用率的影响程度,确定适当的控制和验证水平,既能使物项和工艺的质量满足规定的要求,又避免了资源的浪费,使资源的使用和配置更加合理和优化。

(6) 质量管理的持续改进

建立和有效实施质保大纲是核电站质量管理的中心任务,在质保大纲建立并有

效运行后,如何采取措施以提高活动和过程的效益和效率,是一个组织质量管理水平不断提高的重要手段。质量是一个动态的概念,质量管理也是一种动态的持续的活动。

质保大纲中确定的质量改进的途径是:

对通过质量检验和监察活动发现的问题以及活动和过程的记录的收集、分析,进而采取纠正或预防措施,使用数据分析方法,对不符合项、质量问题、过程能力和产品性能评定的统计分析,确定工程质量的趋势,找出存在的问题,采取纠正或预防措施;每年定期进行管理部门审查,就质保大纲的有效性和适宜性进行评审,制定质量改进措施,并向项目总经理汇报,经审查批准后实施。

2. 质保大纲要素控制

（1）文件控制

各类文件是进行施工各项活动的依据,有效的文件是进行工作和实施活动的首要条件。各类文件的编、审、批、发布和分发及更改控制都必须有明文规定。为确保各类文件能准确及时地分发到各有关单位和场所,制定了各类文件的分发清单,就文件的接收单位和场所给予明确规定,并经过必要的审批,避免由于人为的疏漏造成分发上的失误。

（2）培训管理

确保各类人员在上岗前以及定期接受相应的培训。具备相应的技能和上岗证书,是保证工程质量的重要一环。培训计划分为年度计划和临时计划 2 种,由各单位提出培训需求。培训分为进场培训、定期培训和特定培训 3 种。凡新进场的人员,均应接受基本的质保常识、公司规章制度和安全三方面的教育,对新收的员工,还必须进行相应工种技能的培训和考核。合格后上岗。对工作中出现失误达不到要求的熟练程度的,必须进行再培训直至满足要求为止,否则不予上岗。

（3）采购控制

为确保采购的产品和服务满足规定的要求,根据合同质保等级和相关的技术规格书要求,以及采购的材料对成品质量的影响程度,将土建工程材料质保等级分为 3 类:Q1、Q3 和 QNC。

产品和服务采购的流程如下:

根据合同、技术规格书等文件编制采购文件→供方资格评价→向业主提交供方资格档案,并建立合格供方清单→确定供方及其质保责任→根据清单选择合格且经过业主批准的供方实施采购→供方监督管理→清单的保持和更新。

（4）工艺过程控制

凡影响核电站质量的活动都必须按适用于该活动的书面程序、细则和图纸来完成。为对土建工程中影响质量的工艺过程予以控制,对每一影响质量的工艺过程均编制现场工作程序。对特殊工艺过程,预先进行工艺评定,给出工艺评定报告和工艺卡。

过程控制内容包括:实施过程所得要的标准/规范、程序、图纸等文件是否齐全并适合于使用;是否由合格的人员来执行操作;所使用的设备、仪表、工具等是否满足要求;工作环境是否适宜;使用的原材料、半成品等是否经检验合格,标识清楚;是否需要对特定的过程参数和特性进行监视和控制;技能评定准则是否清楚准确和适用。

过程控制是实现质量要求最为关键和有效的途径。

(5)检查控制

必须对保证质量所必需的每一个工作步骤都进行检查,对安全重要的检查必须由未参加被检查活动的人员进行。

实行"一级质保、二级质检"的质量管理制度。一级质保即质保人员进行的监察、监督和验证等;二级质检分别指:一级为活动的从事者进行的检查、检验和校核(QCI);一级为由不对该工作直接负责的人员进行的独立检查和验证(QC2)。

当某些物项的检查要求进行工艺监视时,则应按相关文件对操作方法和步骤、过程参数及特性进行连续的监视。

当某些物项要求设立停工待检点(H点)或见证点(W点)时,则必须在施工记录中注明"H"点或"W"点,在到达该点时进行检查。对于H点,必须由设立的单位以书面文件形式批准,方可进行该点后续工作。

(6)不符合项的控制

为控制不满足要求的物项,防止误用或误装,编制了不符合项控制程序,对不符合项实行严格的控制和管理。

核电站土建工程不符合项的处理流程如下:

发现不符合项→确认、标识和审查不符合项→通知业主→根据不符合项的类别,确定处理方法,或记录在施工记录中,或发不符合项报告(NCR)→打开NCR→将报告提交业主,供备案(C2类)或审查(C3类)→必要时,根据业主的意见升版NCR→实施NCR中拟定的方案→相关单位检查和验证NCR的实施情况→关闭NCR并提交业主→发布NCR状态清单。

(7)监察和监督

为验证质保大纲的实施及其有效性,编制了质保监察程序,实行有计划的、有文件规定的内、外部监察制度。

监察包括内部和外部两种。内部是承包商自身范围内的相关单位;外部包括供应商和分包商。

监察工作流程如下:

制定年度计划:包括其后的调整→成立监察组→制定单项监察计划,确定日程安排→监察通知→监察组内部会议→进行监察准备→编制检查单→监察前会议→监察实施→监察后会议→编制和发布监察报告→给出监察结论→跟踪验证→监察关闭。

为强化对质保大纲实施的验证,承包商还编制了内部质保监督程序。质保监督计划按月制定,根据当前的工程重点、进度情况、存在的问题、关键和敏感事宜等确定监督内容和安排。监督活动采取与监察类似的程序进行,但步骤适当简化。

3. 核电站质量管理的一些特点

(1) 质保分级

如何针对不同活动的质量要求采取适当的控制措施呢? 如果不管质量要求的高低,一律按最高标准来控制固然可以满足要求,但肯定会加大资源投入,提高了成本,拖延了进度,不仅对承包商不利,对业主也同样不利。当然也不能降低控制要求,这等于降低产品质量,更是不允许的。

对不同质量要求的工程(结构)实行"质量保证分级"原则,将不同质量要求划分为 Q1、Q3、QNC 三个等级,并对每个等级制定相应的质量保证规范书。这样,承包商就可以按相应的规范书对不同质保等级的物项实行与之相对应的控制。分类原则如下:

Q1:直接与核安全有关,影响核电站可用率的物项和构筑物。

Q3:对该构筑物规定的技术要求超过承包商通常采用的技术要求,在施工中需要进行监督。

QNC:除 Q1 和 Q3 以外的构筑物和物项,其质量可以通过正确执行经过证实的、成熟的施工实践而获得。

对最高级别 Q1 应提出最严格(全面)的质量保证要求。对等级较低的 Q3,质量保证要求也相应减少。选择和确定适当的质量保证等级,并对各级别规定相适应的控制措施,既能使各级别物项和工艺符合规定的质量要求,又避免了社会资源的不必要浪费。

(2) 质量检查和评定

核电站的质量检查和评定制度与 GB 50300—2001《建筑工程施工质量验收统一标准》比较,存在一些差异,如通常采用定性检查的方式。一般不实测实量,结论分为合格与不合格两种;无明确的分项分部工程划分;无隐蔽工程的概念,也无隐蔽工程验收记录;对关键和重要物项的检查控制采取设置 H 点或 W 点的方式;竣工资料的内容、提交方式和步骤均不同。

(3) 施工记录

核电站施工记录采用 ETF(施工跟踪档案)/QP(质量计划)的方式,一个 ETF/

QP 针对一个建筑物(构筑物)的某部分结构,这部分结构施工之前、施工过程中及施工之后产生的一切记录均是这个 ETF/QP 的组成部分。

（4）设计文件的管理

核电站工程施工中使用的工程技术文件,根据其不同的出版阶段分为不同的状态,分别为 PRE(未定稿)、CFC(有效可实施)和 CAE(竣工)三种。而对于设计文件,如技术规格书、图纸、油漆表等,即使其处于 CFC 状态,仍需要业主发布"FOR USE"(供使用)通知之后才能有效地在施工中执行,在宣布"FOR USE"之前。只能做准备工作之用。

由于核电站工程的建造周期长,设计文件是逐步向承包商提供的。因此没有在开工之初进行图纸会审。对于设计文件中的不清楚、错误、缺陷或需要现场变更的地方,承包商和业主之间通过澄清要求(CR)/适应性变更(TA)/现场变更申请(FCR)等文件进行信息交换,从而解决这些问题。

（5）不符合项分级管理

核电站的不符合项实行分级控制的原则。根据不符合项对质量、安全和可用率的影响程度.分 C1、C2 和 C3 三类。C1 类无需报告业主,这些问题可及时修复而达到原质量要求;C2 类需报告业主,采用经批准的修补方法修复;C3 类需提交业主审查,评估其对安全、系统工艺及设计基准的影响,批准修补方法后修复。

（6）供方的选择接收

为确保核电站物项的质量,业主对承包商选择的供方实行严格的控制管理。承包商在完成对供方的资格评价后,必须将有关的供方资料和资格评价资料提交业主供其审查。只有经过业主审查批准的供方才能列入采购清单中,必要时,业主还会要求共同参与对供方的评价。在实施采购过程中,业主有权进入供方进行监督和检查,供方必须提供必要的条件和设施并出示相关的记录供查阅。

（四）安全管理

核电站核岛结构形式复杂多变,作业面广点多,工期紧。流水作业多,各种不安全因素同时存在,高空交叉作业频繁,起重吊装等危险作业频率高。多个建设主体同时存在且关系复杂,因此安全管理难度很大。

核电建设项目的安全、质量、工期、成本、环境控制中,安全始终是第一位。在建设过程中,承诺遵守国家相关安全法律、法规所赋予的安全责任。

项目经理作为本单位安全委员会的组长,对项目内安全负有全面领导责任,并保证合同规定的各项安全投入落实执行,并将各项安全责任层层落实到基层,建立安全监督组织与网络。明确安全指标和包括奖惩办法在内的相应制度、落实保证措施,定期进行考核。

核电站主体工程厂房结构复杂、密集度大,土建施工的安全应重点关注重型吊机对重大件(如核反应堆厂房穹顶)起吊就位,大型模板安放、施工与安装交叉作业防火等施工风险度高的阶段的安全防范措施,确保设备与人员的安全。

四、反应堆厂房预应力安全壳的施工

在核电站建造中,结构最复杂、施工难度最大的是反应堆厂房,它由安全壳和内部结构两部分组成。其中安全壳是反应堆发生事故时的最后一道屏障(有单壳与双壳之分,尤以大亚湾核电站的单层安全壳、田湾核电站的双层安全壳为典型),为后张预应力混凝土结构。预应力筋布置分水平、竖向和穹顶束三部分,一般选用标准抗拉强度为 1 770 或 1 860 MPa 的 $\phi 5.7$ 低松弛钢绞线。在筒身不同位置上设有大量不同用途的临时或永久性孔洞和贯穿件,主要有设备闸门、人员闸门、空气闸门以及各类电气、管道贯穿件。

安全壳作为核电站的Ⅰ类建筑,要求筒体墙为清水混凝土墙,并要保持一定的垂直度;而壳体施工过程中钢筋绑扎、筒体壁板和模板吊装、预应力管道安装、混凝土浇筑等工序立体交叉作业多,同时又要求不影响内部结构及周围厂房的施工,诸多因素极大地增加了施工组织的难度,这就需要合理的安排施工工序,选择最优的施工方法、以保证安全壳的施工质量和工程进度。

(一) 施工层段划分

安全壳施工时,考虑爬升模板体系承受混凝土侧压力以及用塔吊加吊斗浇筑混凝土的强度需要,除特殊部位,如较大的设备闸门、人员闸门、电气闸门处,一般只设置水平施工缝,分层浇筑厚度一般约 2 m/层。

(二) 钢筋施工

反应堆厂房安全壳结构钢筋直径大(大多为 $\phi 40$、$\phi 36$、$\phi 32$),布置密集,贯穿件或洞口结构附加筋多,诸多因素为钢筋工程的施工带来了极大的难度,需合理安排钢筋的施工顺序。安全壳筒体钢筋一般采用现场绑扎法施工。钢筋接头采用绑扎搭接接头;为了施工方便,设计竖向钢筋长度在 5 m 左右、环向钢筋尽可能根据钢筋定尺长度下料,一般考虑不超过 8 m。当采用机械连接时安全壳除拉结筋外,其余竖向及水平环形 $\phi 25$ 及以上的钢筋均采用等强直螺纹连接技术取代钢筋的绑扎搭接连接。

（三）模板施工

1. 模板体系的建立

根据安全壳的结构特点，筒体墙较高，模板周转次数较多，要求模板支撑系统必须完善、可靠、牢固，满足强度和刚度要求；施工时选用爬升模板（它出模板板面系统和上层操作平台、中层承重平台、下部悬挂平台组成），仅在部分特殊部位采用异型模板。

图 5-5　DOKA 爬升模板

2. 施工方法

（1）工艺流程

车间组装模板及上层操作平台→现场测量放线→支设第一层模板（预埋定位锥体）→拆除模板→将定位锥体换成爬升锥体→将爬升托架安装在爬升锥体上并铺设中层承重平台→安装筒体模板（带上层平台）并与爬升托架相连→支设第二层模板→统筑混凝土→拆除模板并将模板提升至第二层混凝土的爬升锥体上→在爬升托架下方安装下层平台→爬升体系全部实现，在塔吊配合下，模板层爬升。

（2）施工前的准备工作

必须根据建筑物的具体特点做好模板方案的设计工作，确定模板的布置、编号、每块模板的大小、根据竖向分段确定模板的高度，并画出模板布置图、爬升锥体的位置及模板加工图。根据模板布置图及模板加工计划，在车间定型制作组装各种型号的模板及相关构件，并编号，以保证现场按方案中规定的位置准确定位。

（3）模板系统的爬升

模板的爬升需借助塔吊等提升设备，一般为六人一个作业班组：一人指挥塔吊；两人在上层平台上负责挂钩，模板提升过程中，此二人应拉紧墙体钢筋，使模板靠近墙身，保持模板稳定；三人在中间层平台，负责松开爬升锥体的螺母，取下爬升锥体，当模板提升到位后，将爬升托架固定在新的爬升锥体上，拧紧螺母。

（4）模板支设

第1层模板按设计位置准确就位，并在模板上安装定位锥体。第1层模板施工时，因整个体系尚未完全形成，模板的加固方法为：模板底部用高强对拉螺杆和预埋锥体拉结，中部加设可调顶撑，顶部使用高强螺杆拉结，并用导链校正的临时支撑体系。从第2层开始，仅在模板顶部设立一道可周转的高强螺杆拉结，充分利用模板自身的支撑系统对模板进行加固。

3. 安全壳特殊部位模板的施工

（1）安全壳扶壁柱的安装

安全壳扶壁柱是安全壳水平预应力锚固装置的集中部位，采用预制锚固块形式进行安装施工。即在预制件加工厂将水平预应力锚固系统浇筑在L形的混凝土预制块内，现场施工时直接将预制锚固块吊装就位，作为扶壁柱混凝土的侧模。

（2）安全壳贯穿件处模板施工

安全壳有大量的钢衬里贯穿件，对于未伸出安全壳筒壁的贯穿件不影响爬升模板的正常施工，只需将贯穿件与模板接合处用轻苯乙烯泡沫板封死即可，但仍有部分贯穿件伸出了筒壁，该部位的楔板必须配制异型模板。

（3）设备闸门模板施工

设备闸门模板施工的关键是解决模板和设备闸门混凝土立面同闸门径向轴线成垂直平面的问题。为此，通过设立临时操作平台，设计大量的异型模板，分阶段安装等措施来保证模板施工的顺利进行。

（四）混凝土施工

1. 原材料的选配和混凝土配比要求

水泥采用普通硅酸盐水泥，并掺加适量的Ⅰ级粉煤灰，因安全壳每层混凝土浇筑时间较长，应选用高效缓凝减水剂，延长混凝土初凝时间。同时为了混凝土层段间施工缝接槎严密、结合质量好或钢筋加密区部位的浇筑，相应标号的混凝土需配置同强度的细石混凝土，以满足不同部位混凝土施工的需要。

2. 混凝土的生产和运输

混凝土由搅拌站集中生产后,出机温度不高于 28℃,入模温度控制在 5～30℃ 范围内。为控制入模温度和坍落度损失,限定混凝土运输车每车载运量不超过 4.5 m³,混凝土离开搅拌站后应在 1～1.5 h 内浇筑完毕。

3. 混凝土的浇筑

工艺流程:提前 12 h 洒水湿润基层和吊斗→检查签字放行情况→通知搅拌站开始搅拌混凝土→混凝土运至现场→检查验收混凝土发货单的一致性,并签字→检查混凝土的温度及坍落度→卸混凝土入吊斗并吊至浇筑点上方→布料→振捣→压面→施工缝处理→清理→养护。

图 5-6 核岛基础混凝土浇筑

由于安全壳内侧是以厚度仅 6 mm 的钢衬里壁板作为模板,为防止混凝土浇筑侧压力过大导致壁板变形,因而需控制浇筑速度。

混凝土浇筑过程中,注意对预应力仪表和预应力管道的保护。振捣过程中,振捣捶的提落要平缓,不得碰撞预应力水平管道。

对于闸门,其底部的平缓段较长(5.3 m),而且钢筋较密,混凝土不易从闸门的一侧向另一侧流动,容易在闸门下方出现空洞,为了避免出现这种事件,要在闸门底部预留几个浇捣口,同时也能起到排气的作用。

4. 混凝土浇筑后冲毛、养护

最后一层混凝土浇筑完毕后.必须用木抹子抹压数遍,直至消除沉陷裂纹为止;混凝土接近初凝时进行施工缝冲毛,用高压气加水冲洗表面的浮浆,使石子均匀外露。安全壳外墙面混凝土采用涂刷养护剂,水平施工缝处采取专人喷雾养护,在涂刷养护剂前对墙面进行清理后,再涂刷养护剂。要求养护剂为同一生产批号,涂刷均匀,保持墙面养护后颜色一致。

(五) 安全壳预应力施工

1. 预应力施工

(1) 预应力孔道留设

安全壳竖向、穹顶预应力留孔材料用薄壁钢管,水平预应力留孔材料选用镀锌钢带卷制而成的波纹管,但在扶壁柱区域即承压板前端 2.5 m 范围、设备闸门、孔道曲率半径小于 8 m 区段仍需选用薄壁钢管。

而安全壳预应力管道锚固端除竖向管道上部和穹顶管道外,都设计成预制件。这样大大减少了现场固定锚固件的时间,并缓解了受压区由于配筋密集而产生的浇筑困难。

(2) 钢绞线穿束

当安全壳穹顶混凝土强度达到设计要求后,即可进行钢绞线穿束,钢束分布见图 5-7,而穿束一般采用电动穿束机进行。

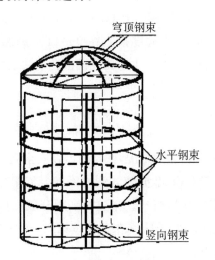

穿顶钢束

水平钢束

竖向钢束

图 5-7 安全壳预应力钢束分布示意

穿束前将钢绞线置于钢绞线解线盘内,并将钢绞线的内端头拉出固定在解线盘托架上。装有钢绞线的解线盘置于管道口附近的建筑物或工作平台上,当钢绞线解线盘与穿束机之间相距太远时。用一根薄壁钢管或一根波纹管来保护,引导钢绞线的末端夹置于穿束机的滚轴之间,并在末端装上一个指形或球形的"子弹头"以利于穿束。

对于水平和穹顶管道穿束,从任何一端穿入均可;而竖向管道的钢绞线,从顶部到底部由上而下穿入,已穿入的钢绞线用夹片固定于顶部锚固块中。孔道内钢绞线穿完后,用彩条布将露在孔道外的钢绞线包好,防止水和其他杂物接触其表面。

(3) 预应力张拉

① 张拉设备选用法国产 K500F 型前置式千斤顶用于水平、穹顶钢束,K1000 型千斤顶用于竖向钢束,放张设备选用 M23 - SC2/180BH 型千斤顶。这 3 种千斤顶与 P6M 油泵配套使用。张拉施工前对配套的张拉千斤顶、油泵、压力表进行校验。

② 预应力筋张拉控制应力 $\sigma con = 0.80\ fptk = 0.80 \times 1\ 706.7\ \text{MPa} = 1\ 413\ \text{MPa}$。张拉采用应力控制、伸长值校核的双控措施,分 5 级张拉,张拉时应缓慢匀速进行。

③ 预应力钢束张拉顺序为竖向钢束张拉 33%→水平钢束张拉至 +34 m(外圈 85%,内圈 80%)→竖向钢束张拉 100%→穹顶钢束张拉 20%→外圈水平钢束张拉 100%→内圈水平钢束张拉 100%→穹顶钢束张拉 50%→穹顶钢束张拉 100%。

④ 在正式张拉前,需实测几根孔道摩擦损失,以证明束管埋设是否符合设计要求。

(4) 预应力孔道灌浆

预应力钢束张拉完毕且验收合格后即可灌浆,安全壳预应力孔道一次灌浆均使用缓凝浆,二次灌浆为膨胀浆。浆体采用 PH525 硅酸盐水泥,缓凝浆水灰比为 0.34 或 0.36。为增加水泥浆的流动性,需使用(Complast Sp420)高效缓凝减水剂,拌和后的 3 h 泌水率控制在 2%,浆体流动度控制在 9~14 s,膨胀浆水灰比 0.36,并采用 (Intraplast Z)膨胀剂。同时需做 1:1 全比例模拟孔道灌浆试验,以证明孔道密实是否良好。

2. 预应力监测

为监测预应力钢束的工作应力情况,张拉前需在安全壳 18、54、90、126 号 4 束竖向钢束底部分别布置 4 套 CV8 型振弦式测力系统,该系统由 LCV - 8 型测力计、FPC -10 型读数仪及频道转换器组成。张拉时采用分级张拉,分别记录测力计上各线圈的频率,张拉后取走 K1000 千斤顶.然后测读第 0.1~3 000 h 的线圈频率读数,并根据标定记录,换算成内力。

实践证明,预应力钢束张拉锁定后初期应力损失较大,以后随着时间的推移而逐渐递减,但递减的幅度也逐渐减小,最终趋向于稳定,符合应力损失规律。

3. 监测束灌油

监测束需用 TRACTA 1391 专用油脂进行防腐蚀保护。该油脂密度 900 kg/m^3,沸点 195 ℃。油脂加热后泵入注油帽孔,待钢束上端 2 个出气孔有油脂均匀流出后完成灌油,当油脂硬化后取下上部油箱,用特氟隆密封孔塞。

（六）预应力双层安全壳的施工

随着我国不断引进和开发更大功率的核电站机组，双层安全壳结构体系在我国核电领域将被更多地采用。核电站双层安全壳施工技术，是以单层安全壳筒体结构施工为基础并不断完善优化，可满足双层安全壳结构自身施工工期要求紧的需要，并可避免安全壳与周围厂房之间设置后浇区的进度要求，从而确保内部结构、周围厂房关键路径的进度要求。

1. 内壳在前、外壳在后保持高差同步施工

安全壳结构施工时，先内壳后外壳，按梯级同步交叉施工，内外安全壳形成整体流水作业，以施工高差步距克服结构平面布置紧凑、作业面狭小（内外壳净距仅1.8 m）的施工难题。内外安全壳混凝土均按约 2 m 高度分层，使内外安全壳结构在有限作业面上交叉有序、快捷施工，尽可能地减少内外壳施工分别对内部结构、周围各厂房施工进度的影响，确保了核岛土建工程总体施工进度。

2. 混凝土冬季施工及测温

安全壳冬季施工混凝土浇筑过程中和浇筑后，要做好防冻和保护。冬季混凝土的生产要用热水机组，并加防冻剂，提高混凝土的抗裂性能，以保证混凝土的出机温度不低于 12 ℃；混凝土运输车要加橡胶保护，使入模温度不低于 5 ℃。混凝土浇筑后防止温度裂缝是冬季养护和保护混凝土的关键，混凝土的冬季养护采用蓄热法养护，混凝土侧面带模养护，温度较低的情况下，模板龙骨间要填塞聚苯乙烯泡沫板或矿棉等保温材料，混凝土的表面要覆盖塑料布和袋装锯末等材料保护。

为做好混凝土的养护，控制混凝土的内外温差，混凝土要进行冬季测温，以便根据测温报告，视混凝土表面、中心及环境温差情况逐层附加或去除保护层。待混凝土内部温度与表面温度、环境温度相差不多且保持稳定后，拆除模板及表面养护。

3. 竖向倒"U"形预应力钢束整体穿束

对倒"U"形钢束来说，无法用穿束机单根穿束。为了能将已编束好的钢束整体拉入预应力管道中，首先将 20 t 卷扬机钢丝绳穿入预应力管道中，此工作可由 2 t 卷扬机完成。因此应先将 2 t 卷扬机钢丝绳穿入倒 U 形预埋管道中，其方法是靠一套橡皮绳梭来完成。2 t 卷扬机钢丝绳附着在绳梭尾部，将橡皮绳梭系统安放入预应力管道中，连接高压电管，开动空压机约 6 bar 的压力，绳梭依靠气体压力被吹入到管道的另一端，同时将 2 t 卷扬机钢丝绳带出，然后将 2 t 卷扬机钢丝绳与 20 t 卷扬机连接。将 2 t 卷扬机钢丝绳往回拉，拉入到另一端的编束焊接头的位置。

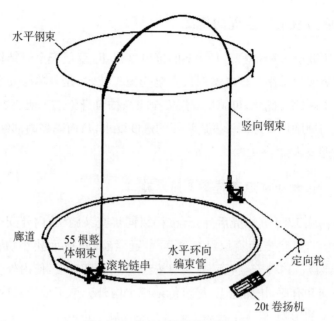

图 5-8 竖向钢束整体穿束示意

当20 t卷扬机钢丝绳与编束头连接在一起后,启动20 t卷扬机并缓慢提升拉力,当钢束头抬起并向前移动1 m时,停止牵引,检查焊接头及机具设备连接情况,如一切正常则可在低速状态下继续穿束。当穿束头到达滚轮链串时,应时刻监测通过喇叭口和隙浆连接件情况。增强卷扬机速度将钢绞线拉入,当钢绞线在出口端出现时,应降低卷扬机速度且时刻注意两端钢绞线长度;当两端钢绞线长度符合设计要求时,停止穿束,拆开连接部件及滚轮链串,完成整体穿束(见图5-8)。

4. 双层壳施工的交通运输

安全壳施工垂直方向物件的吊运由分布在周围的塔吊负责。模板吊装吨位(加上施工荷载)约3.5 t,而塔吊的最小起重量为5 t,塔吊满足大件吊装的要求。

外壳外侧选择2个不同角度处分别设置一部施工电梯和井式爬梯,作为施工人员、小型机具、施工材料等的垂直运输设备。施工电梯运行至外壳外模的下层平台,并随外壳的层高升高而提升,井式爬梯直接搭设至内壳外模的上层平台;内外壳之间的联系也通过井式爬梯;模板上、中、下3层平台之间是通过设在爬升模板上层平台和下层平台的通道口和爬梯联系,内、外壳各模板沿安全壳依次设置3个通道口。

内壳穹顶施工时,外壳筒体施工至一定层数时暂停施工,人员由施工电梯到达外壳模板下层平台,通过爬梯上到上层平台,再由人行天桥进入施工操作平台,人行天桥沿安全壳一周搭设2～3处,以利于操作平台上人员的水平运输。

五、钢结构施工

百万 kW 级压水堆核电站安全壳作为核电站的重要安全屏障,由厚 900 mm 的预应力混凝土结构和厚度为 6 mm 的钢衬里组成。钢衬里主要起密封作用,阻止事故工况下放射性的外逸,确保核电站周围环境的安全。核电站的卸料水池、核燃料组件存放池也是在钢筋混凝土墙体上衬贴一层不锈钢覆面,用以防止带放射性液体外浸,也利于水池维修和核电站退役时的去污,从而保证运行、维修人员的安全。因此,核电站内碳钢和不锈钢内衬覆面均担负着保障核安全、防止核污染的重要功能,是核电站工程与核安全相关的重要部件,其设计和施工的要求都非常严格,施工时应予以特别关注。

本文以岭澳核电站的安全壳碳钢衬里施工、不锈钢内衬施工和安全壳碳钢内衬的焊接为例,详述其施工特点和注意事项。

(一) 钢衬里施工

百万 kW 级压水堆核电站安全壳衬里是大致由底板、截锥体、筒体、穹顶四大部分构成的一个密封壳体,主要由 $\delta = 6$ mm 的钢板焊接而成,钢衬里筒体下口安装于底部截锥体上,上口与钢衬里穹顶对接;筒体由 12 层安装层(壳环)构成,每个安装层高度均为 3 777.5 mm,总高 45 330 mm,1～5 层每个安装层由 11 块预制壁板构成,6～12 层每个安装层由 9 块预制壁板构成;筒壁上还有直径 250～1 300 mm 的各类工艺及电气贯穿件 168 个(2 号核岛为 167 个)、1 个设备闸门套筒、2 个空气闸门套筒、36 个环吊牛腿以及贯穿锚固件和非贯穿锚固件等。安全壳钢衬里如图 5-9 所示。

钢衬里的施工主要分为车间预制和现场安装,钢衬里底板、截锥体、筒壁按图纸分块,各部分构件在车间制作成型,在现场安装。穹顶按图纸分块下料,现场拼装,采用整体吊装就位。钢衬里筒体壁板上的贯穿件、锚固件、非锚固件、牛腿等均在车间预制成型,在现场安装就位。本节针对钢衬里施工中车间预制和现场安装进行简单介绍。

1. 材料准备及验收

(1) 压水堆钢衬里壁板材料采用欧标 EN10028—2(2003);压力容器用钢板,厚度为 6 mm。材质为 P265GH、P65GH 抗层状撕裂。钢衬里加劲角钢采用国产 Q235B 角钢。

(2) 编制材料计划时应注意根据图纸中的钢板使用时的尺寸、钢板运输时最大尺寸进行钢板排版。再根据钢板排版图提交材料用量计划。材料计划中还应包括材

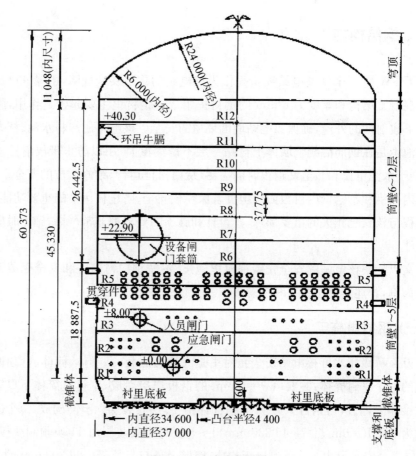

图 5 - 9　安全壳钢衬里

料复验、焊工考试、焊接工艺评定用料。

（3）材料到场后应根据技术规格书的要求做出材料复验，材料复验合格后，方可使用。

2.钢衬里底板和截锥体的制作

（1）底板预制

底板主要包括：底板内环、外环、底板支撑系统、集水坑贯穿件、厚度为 6 mm 的底部板、厚度为 10 mm 的中心凸台、底板检查槽、检查槽保护罩。

底部板是厚度为 6 mm 的钢板，分别铺设在中心凸台上（标高在－3.900 m）、中心凸台和内环板之间、内环和外环板之间（标高在－4.500 m）。底部板结构见图 5 - 10。

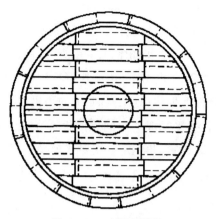

图 5-10　底部板结构

根据进场材料和设计图纸做出排版图,并按照排版图进行放样、下料。按照设计要求组对、车间焊缝,并按照焊接要求采用埋弧自动焊进行焊接。焊后进行无损检验。

底部板所有在现场的焊缝,焊后均覆盖检查槽型钢保护,检查槽在底板分布分为32回路,检查槽的连接和转向分别采用连接块和转向块。

车间预制包括连接块和转向块的机加工,槽钢和角钢的折弯。

（2）截锥体的预制

① 截锥体胎模预制:利用胎模将壁板成形。

② 截锥体预制:

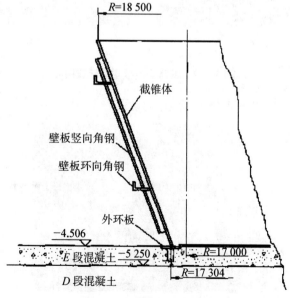

图 5-11　截锥体结构示意

截锥体的结构:截锥体为上大下小的圆锥台形,上口直径为 18 500 mm,下口直径为 17 304 mm,高度为 4 006 mm。截锥体共有 11 个车间预制件。壁板由 6 mm 厚钢板以及横向环形角钢 L125×80×10 和竖向角钢 L70×50×8 和 $\phi 8×80$ 的焊钉组成。

车间预制板的拼接:每个车间预制件由 6 块钢板拼接而成,车间焊接采用埋弧自动焊。在焊接成型的预制板上划线,划出横向、纵向角钢以及贯穿件的位置。

车间预制件的制作:将拼接完成的车间预制板铺在截锥体工装上,钢板铺设时,要尽量均匀。将壁板与工装压紧,角钢定位组对。焊接角钢肋和壁板之间的角焊缝。焊接壁板上的连接件。

3.钢衬里底板和截锥体的安装

(1) 底板安装由以下 4 个步骤组成,如图 5-12 所示:

① 底板内环、内环支架、底板支撑系统的安装;

② 中心凸台的安装;

③ 外环的安装;

④ 底板的铺设。

(a) 底板支架及支撑系统安装　　　　　　　(b) 底板的铺设

图 5-12　钢衬里底板安装示意图

(2) 截锥体安装由以下 4 个步骤组成,如图 5-13 所示:

图 5-13　截锥体安装示意图

① 在截锥体板内、外侧挂置施工平台；

② 吊放截锥体板至相应位置；

③ 调整预埋支撑，使截锥体位置准确；

④ 焊接截锥体板之间的对接焊缝。

4. 钢衬里筒壁的制作

（1）筒壁的组成：筒壁共分为 12 层，其中 1～5 层为每层 11 块，每块展开长度为 10 640 mm；6～12 层为每层 9 块，每块展开长度为 12 920 mm，每层高度均为 3 777.5 mm。

（2）筒体胎膜的预制：利用筒体胎膜将壁板成形。

（3）车间预制板的拼接：由于每层壁板的高度和宽度都比标准钢板大，因此需要对壁板进行拼焊。车间拼焊完成后，在角钢上划出横向和纵向角钢的位置以及贯穿件的位置，然后将板压在胎模上，板在胎模上不能扭曲，将壁板与工装压紧并使其紧密贴合，将弯曲成形的角钢加劲肋与板焊在一起，并焊接其上的焊钉。

5. 贯穿件的制作

（1）贯穿件直径小于 500 mm 时，采用无缝钢管制作，直径大于 500 mm 的贯穿件和闸门套筒均采用钢板卷制焊接而成。

（2）贯穿件的加强圈采用数控精确下料，然后作出水平 x 轴和垂直 y 轴标记线，放在事先卷制好的一块 $R=18\,500$ mm$+\delta$（贯穿件板厚）的大板上，在卷板机上反复滚压，直至与大板完全贴合后。加强圈的弧度就符合要求了。应注意因为加强圈的外缘并非是圆周线，而是椭圆线，所以卷制时应注意弧度是在 x 轴方向而非 y 轴方向。

（3）加强圈按图纸要求沿外线开 1:4 坡口，对于小直径的加强圈，可用车床切削加工。对于直径较大不便于车床加工的，可用半自动火焰切割；套管端面有坡口的，若是无缝钢管则用车床加工，若是钢板卷焊而成的则应在钢板卷制前用火焰或机械切割好坡口。

（4）贯穿件套管与加强圈的组队方法：在套管上标出十字中心线，根据图纸上贯穿件的定位在 CAD 中 P 放样，定位加强圈上 4 条轴线与套管上 4 条轴线在套管上的 4 个交点位置，在套管上作出 4 个交点标记后与加强圈组对。

（5）加强圈与套管焊接时按焊接施工程序进行施焊，焊接前应用加强板加固 4 个定位点。

贯穿件现场安装采用一次切割的方法，在壁板上放出贯穿件的定位十字线，进行钢衬里壁板的预切割，切割的直径大于贯穿件的管径但小于加强圈的直径以使贯穿件能穿入；将贯穿件的加强圈与衬里板贴和，并将加强圈上的十字线与衬里板上十字线重合（注意十字线的方位性），沿加强圈边沿二次划线，进行二次精确切割，组对好环形焊缝并按焊接施工方案施焊。

贯穿件结构如图 5-14 所示。

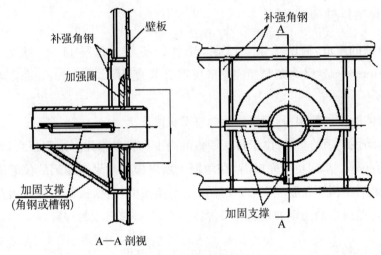

补强角钢　壁板
加强圈
加固支撑
（角钢或槽钢）
补强角钢
A
加固支撑
A
A—A 剖视

图 5-14　贯穿件结构示意

6. 牛腿的制作

（1）核电站建造期间，环吊用来吊装蒸汽发生器、反应堆压力容器等核岛内所有的设备，使其安装就位；核电站运行期间，环吊定期使用（原则上每年 1 次），用于更换燃料和检修设备。而安装在安全壳钢衬里的筒体上的环吊牛腿是用来支撑核岛环吊的，在标高＋40.30 m 的筒壁上，共锚固有 36 个沿圆周均布的环吊牛腿。由于其长期承受较大的动载荷及静载荷，牛腿的基本构造设计成一箱型框架结构，由 20、50、60 mm 厚的钢板以及直径为 32、40 mm 的钢筋组焊而成，钢板材质为 P265GH 和 P265GH-Z35（具抗层状撕裂性能），钢筋为可焊光圆钢筋。每个牛腿焊接完成后进行整体消除应力热处理。

（2）牛腿的组成：在钢衬里壁板第 11 层均布 36 个牛腿，每一块壁板上装有 4 块牛腿。

（3）牛腿的预制：根据设计图下料，分别切割各加强板，将加强板的上下口中心线标出并打上标记，加工牛腿背侧的各加强板并组对点焊，可作为牛腿变形时的防变形板，待内侧箱体焊完后再焊外侧的各板，将牛腿箱体两侧面板下料组对在加强板上，同时将牛腿固定在支架上，防止因焊接变形而引起箱体侧面板变形，经过焊接检验合格后，再将上下板焊接，合格后将内侧肋板安上，最后焊接箱体头部的封板，与加强板连接的 K 型焊缝完成后,须作消除应力的热处理。

牛腿的结构如图 5-15 所示,牛腿与钢衬里的焊接安装与贯穿件安装雷同。

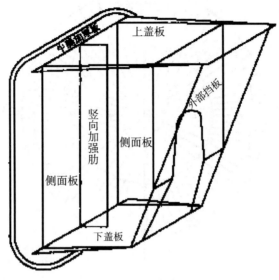

图 5-15　牛腿结构示意

7. 钢衬里筒壁的安装

(1) 筒体壁板内外侧每块板安装两个操作平台,每层走道板间设置直爬梯;

(2) 在截锥体或上层筒壁的顶边标出需安装壁板的中心角度位置,同时根据设计标高定出已经安装好的壁板上口标高线,切割磨平作为下层安装的基准线;

(3) 筒壁安装:利用塔吊将筒体壁板依次吊装就位,先焊立缝再焊环缝,当这一层的立缝和环缝焊完后可提升扶壁柱。

牛腿的安装方法同贯穿件的安装方法。

8. 穹顶的预制

(1) 穹顶是安全壳钢衬里的封顶部分。下口与钢衬里筒体 12 层上口直接对接。穹顶外形为球状的双曲面壳体,由内径为 24 000 mm 的上部球缺和内径为 6 000 mm 的下部圆环带组成。穹顶下口内径为 37 000 mm,全高 11 050 mm,是由 6 mm 厚的钢板及其焊接在外侧的角钢 L200×100×10,L75×50×6 组成的带肋双曲面壳体,结构总质量约为 150 t,穹顶结构如图 5-16 所示。

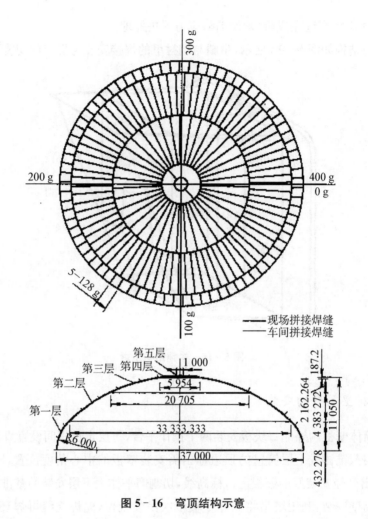

图 5-16　穹顶结构示意

（2）如图所示，按照设计图纸，穹顶水平分为 5 层，每层按角度等分为：第 1 层 78 等分，第 2 层 78 等分，第 3 层 39 等分，第 4 层 2 等分，第 5 层为 1 块圆顶。

（3）预制胎模的制作：利用胎模将穹顶壁板成形。

（4）第 1 层穹顶板预制流程如下：

① 根据设计图纸进行放样下料；

② 将分块单元板加工好所需坡口后，用卷板机卷制成 R＝6 000 mm 的圆弧板；

③ 将圆弧板吊至压制胎模上进行成形；

④ 将检查合格的 4 个分块板吊至组装胎模上进行竖缝拼接后，将穹顶板与工装四边固定；

⑤ 在胎模上将钢板拼接完成后，组对卷制好竖向和环向角钢；

⑥ 焊接角钢后，脱模；

⑦ 将已成形的预制块翻身，清根并焊接内侧拼接缝；

⑧ 进行几何尺寸检查后,进行焊缝无损检验,最后进行 $\phi8\times80$ 的锚杆焊接。

（5）第 2～5 层穹顶板的预制流程为:

埋弧自动焊拼→分块板放样、编号→切割下料→坡口加工→上模→组对→焊接拼缝外侧→组对弧形角钢→焊缝焊接→脱模→翻身→清根焊接内侧拼缝→几何尺寸检验→校正→ $\phi8\times80$ 的锚杆焊接→无损检验→喷砂→油漆→存放。

（6）穹顶的现场拼装:

① 拼装场地:在穹顶拼装场地准备一块直径 40 m 的圆形场地,场地平整压实,并按要求浇筑混凝土,在浇筑混凝土前按要求埋上角钢预埋件及中心埋件板,并在拼装场地放出穹顶顶点的投影和定位角度投影十字线作为基准点和基准线;放出每层分层、分块尺寸,放出分层截面圆周投影线和分块角度投影线。

② 拼装方法:首先拼装最下层,将车间预制件分别按图纸顺序吊装就位,利用支撑调节高度,同时在板上口吊重垂线,使重垂线落放到地面圆周的投影线上,调整相邻板间的焊接间隙,按照技术要求焊接竖缝,补焊两拼接缝间的角钢肋和焊钉;在第 1 圈拼装完成后,用同样的方法拼装第 2 圈;在竖缝合格后,调整 2 圈间的环缝,并焊接;用同样的方法进行上面 3 圈的拼装。

9. 穹顶的吊装

穹顶吊装是钢衬里施工中整体吊装就位最大的钢结构件,也是钢衬里的封顶部分。钢衬里穹顶采用整体吊装。即穹顶在车间分块预制成形后,在现场分别拼装成整体并焊接好内部各种工艺管道,一次性整体吊装就位。

（1）穹顶吊装工艺

① 吊机载荷试验:吊机按要求工况组装好后,对吊机进行载荷试验。在试验前后仔细检查起重机的回转、卷扬等重要机构和制动、仪表显示等辅助机构完好并运转可靠。

② 吊机空钩模拟试验:吊机载荷试验合格后,按穹顶吊装全过程进行模拟操作,指挥吊机进行各吊装步骤的起落钩、变幅、回转等操作,并在全过程检查吊装指挥系统和吊装机构的运作情况,并检查吊机所通过的空间是否畅通。

③ 穹顶试吊方法与步骤:吊机载荷试验和空钩模拟试验合格后,再次确认起吊条件,起重指挥指挥吊机缓慢将穹顶提升,直至穹顶下口离地面 500 mm 后停止提升,检查穹顶下口水平度,调整并进行刹车试验,降回地面但保留所有吊索具不拆除、吊索仍然受力,进行现场保护。

（2）穹顶的正式吊装

① 正式吊装应在试吊后的 3 日内进行,由现场执行总指挥确定吊装实施的命令后,方可进行穹顶的正式吊装。

② 在起吊前最终检查各种吊索具,吊装承包商最终检查吊机状态。

③ 与试吊时一样,解除穹顶与拼装平台上所有的临时连接构件。

④ 缓慢而匀速地起升吊钩至离地约 500 mm,经再次检查并确认平稳和下口水平。

⑤ 根据正式起吊命令,起重指挥指挥吊机正式起吊。

⑥ 在起重指挥协助下,对穹顶进行就位,视穹顶偏离筒体中心的情况,起重指挥指挥吊机通过落钩、变幅、回转,使穹顶与筒身对中。

⑦ 调整穹顶下口与筒身的对接缝,完成后将穹顶固定,确认稳固后完全松钩,拆除吊点连接吊具。

⑧ 确认后,起重指挥指挥吊机回转、收车。

穹顶的吊装就位如图 5 - 17 所示。

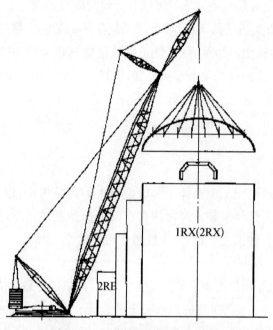

1RX(2RX)

2RE

图 5 - 17　穹顶的吊装就位示意

10. 穹顶的高空组对

穹顶就位准确与否,取决于穹顶下口与第 12 层筒体上口之间的尺寸偏差,第 12 层筒体上口和穹顶下口之间的半径误差≤10 mm,二者周长值误差≤10 mm。在吊装前,应能达到上述尺寸控制要求。

① 穹顶的就位、组对采用临时支撑来辅助完成。

② 当穹顶整体吊装至筒体上方,调整穹顶位置,保证穹顶的定位准确。

③ 缓慢、匀速落钩,当穹顶落在临时支撑千斤顶上后,检查、调整千斤顶使其完全受力,此时吊机吊钩未完全解除受力。

④ 进行穹顶下口与筒体上口组对；同时均匀、缓慢地调节支撑千斤顶。使穹顶匀速下降至与筒体上口相距约 10 mm，继续下落直至穹顶下口完全落在间隙板上，使穹顶下口与筒体上口完全重合。

⑤ 对接缝调整完后，再次检查支撑千斤顶，保证完全受力后，吊机落钩至完全解除受力后，摘去吊索。

⑥ 焊接穹顶与筒壁之间的焊缝。焊缝检验合格后，补焊锚固钉及纵向连接角钢。

11. 设备、人员闸门的安装

反应堆厂房各有设备闸门 1 套、人员闸门（标高＋8.00 m）1 套、人员应急闸门（±0.00 m）1 套。设备闸门的功能是大型设备的通道，直径约 7 400 mm，在建造期间是 RX 厂房内设备运入通道，运行期间处于关闭状态，大约 1 年使用 1 次，即提供检修厂房内设备时进出厂房的通道；＋8.00 m 的人员闸门是运行期间人员的正常进出通道，±0.00 m 的应急闸门是发生紧急事故时的人员应急通道，直径均为 2 900 mm，正常运行期间处于关闭状态。

（1）设备闸门的安装：

① 现场拼装，将闸门套筒与衬里上贯穿件套筒焊接好，焊接应力引起的法兰变形减小到最小以前，法兰接合面不能被打开；如果必要，平台、栏杆、临时脚手架等设备闸门封头上的附件将在拼装场地上预拼装。

套筒尺寸检查：直径、周长、贯穿件套筒端面的垂直度、焊缝尺寸。

② 设备闸门封头安装就位。

③ 悬臂提升架、提升梁和卷扬机安装就位。

④ 翻转平台卷扬机安装就位，

⑤ 设备闸门的现场试验：设备闸门封头的验收试验（主要指双密封件的局部泄露试验）和提升系统的验收试验。

（2）人员闸门安装：

① 套筒尺寸检查：直径、周长、贯穿件套筒端面垂直度、对接焊缝两侧套筒的坡口尺寸。

② 门体就位安装：对接焊缝焊接前必须按焊接程序中的规定进行预热，焊接时由具有相应资格的焊工进行对称焊接以最大限度地减小法兰面的焊接受形。

③ 人员空气闸门的现场验收试验：局部泄漏试验、内侧和外侧门之间的舱体整体密封性试验、人员空气闸门作为加压/卸压室使用时的试验、人员空气闸门的功能试验、人员空气闸门压缩空气作用管线泄漏试验。

（二）不锈钢内衬的施工

核电站的不锈钢衬里工程主要是为了核燃料组件的储存、换料期间对堆内构件检修而建造的专用水池，在核电站运行期间不锈钢水池内装满特制的除盐水。不锈钢衬里的安装一般采用后贴法，即先用不锈钢膨胀螺栓将不锈钢托架固定在混凝土上，再将覆面板的衬垫型材焊接在托架上，然后进行池底和池壁的抹灰，最后将不锈钢覆面板焊接在衬垫型材上。可以看出，不锈钢衬里焊缝的连接型式主要是带垫板的对接焊缝。另外，不锈钢衬里中还包括一部分需与碳钢预埋件连接的异种钢焊缝接头。焊接的主要方法为氩弧焊和电弧焊两种，其中覆面板和有密封要求的焊缝全部采用钨极氩弧焊，其余的用氩弧焊或电弧焊。

1. 焊接工艺评定

（1）焊接材料的选用

焊接材料的选用应根据母材的成分，按照技术规格书的要求进行选用；对于焊接材料的成分和性能应按照技术规格书中焊接材料验收标准卡片验收，特别是对于不锈钢焊条、焊丝，应严格按要求控制其含钴量。

（2）焊接工艺评定流程

首先，根据设计图纸、EJ/T1027.12 和技术规格书等文件中的规定编制焊接工艺评定指导书，以规定焊接条件和进行工艺评定实验的标准及验收标准；然后，挑选焊接技能优异的焊工进行焊接工艺评定（PQR），在进行焊接工艺评定时，应严格控制和详细记录各种焊接工艺的实际参数和各项检验结果；最后，根据评定合格的工艺编制焊接工艺规程（WPS）。

（3）评定的有效期

焊接工艺评定的有效期限，从宣布之日起，对 1 级部件为 2 年，对其他部件为 3年。对产品焊缝补焊评定，有效期可以加倍，从车间最后采用这种工艺的日期算起，可将评定的有效期延长相同的期限。

2. 车间预制流程

熟悉图纸、技术文件→领料、放样→切割前尺寸检查→切割、下料→组对→冷弯加工，焊接前尺寸检查→焊接→无损检验→焊后尺寸检查→酸洗钝化→编号存放。

3. 现场安装流程

一次混凝土检查→池底角钢托架安装→池底衬垫型材安装→池底锚固板安装→安装尺寸检查→池底抹灰→抹灰检查→防尘漆施工、抹灰层保护→池壁四周脚手架搭设→闸门导向槽安装→池壁衬垫型材、锚固板安装→池壁抹灰检验、防尘漆施工→池壁覆面安装→池壁覆面焊接→池壁附件安装(不包括梯子)→池壁清理→池壁的焊缝检查→池壁脚手架拆除→池底覆面安装→池底覆面焊接→附件安装和焊接→池底清理、焊缝检查→闸门安装及机构试验→静水压密封试验→酸洗、钝化清洁→整体检查、验收。

4. 焊接工艺

(1) 对于所有覆面焊缝及所有有密封性要求的焊缝均采用钨极氩弧焊焊接,其余焊缝采用氩弧焊或手工电弧焊。所有的焊接作业均需由评定合格的、具有相应操作资格的焊工严格按照工艺规程的要求施行。

(2) 不锈钢覆面在制作及安装前,如覆面板或衬垫表面有污染,应及时用干净纯棉布擦除,若油质污染表面,应采用棉布蘸丙酮用力擦洗污渍部位,擦洗不掉的部分,用细砂纸或不锈钢刷予以磨刷(此砂纸或不锈钢刷仅能用来刷奥氏体不锈钢),最后再用丙酮擦拭干净。

(3) 所有不锈钢衬里覆面板在尺寸检查完成后将其安装就位,将覆面板的四周点焊固定,焊点长度为 10~20 mm,焊点间距为 50~100 mm。在点焊时,必须用木锤敲击点焊的部位,以使覆面板与衬垫型材贴合紧密。

(4) 不锈钢衬里覆面板点焊完成后,应立即用不锈钢专用胶带将焊缝密封,以防止空气中的灰尘及其他污染物进入焊缝。

(5) 所有的焊缝在焊接之前,必须用不锈钢钢丝刷或不锈钢钢丝轮将焊缝坡口及两侧清理干净,并且用丙酮擦洗。

(6) 不锈钢衬里的安装焊接顺序一般为:池壁覆面→池底覆面,当预埋板或管及其他附件的焊缝离覆面焊缝距离大于 600 mm 时,可以先焊预埋板或管及其他附件,否则,先施焊覆面焊缝,再焊预埋板或管及其他附件。焊接方形预埋板时,在拐角应连续施焊,不允许存在焊接接头。

(7) 同一墙面的覆面全部组对、点焊完成后,开始焊接墙面焊缝。先焊横缝,再焊立缝。同一墙面的焊缝在施工条件及焊工人数允许的情况下,可以同时进行焊接;打底采用分段退焊,分段长度不得超过 500 mm,打底焊完成后,待所焊焊缝基本上冷却下来,温度不超过 100℃时,再对其进行盖面,盖面也采用分段退焊,分段长度不得超过 500 mm。

(8) 池底覆面的焊接工艺及顺序同墙面覆面相似,底面覆面组对、点焊完成后,原则上是先焊短焊缝,再焊长焊缝;焊缝的打底采用从中间往两边分段退焊。

(三) 钢衬里的焊接

压水堆核电站的安全壳钢衬里由底板、截锥体、圆柱形和穹项组成。钢衬里总高度 60.38 m，直径 37.00 m。其焊接温度场的特点，按板厚可分为薄板焊接时的温度场（如底板的中幅板、边缘板、筒体壁板等 $\delta=6$ 的钢板）和厚大焊件焊接时的温度场（如底板的内、外环板，用于支承设备装卸用的环形吊车轨道的牛腿）。安全壳钢衬里的所有焊缝均为 RCC-M 中规定的 I 级焊缝。为确保制作的质量，首先要确定焊接工艺的合理性及最佳性；二要制定合理的焊接工艺评定，对于重要的构件，应确定合理的消氢热处理和消应力热处理；三要针对相应的项目建立严格的质量保证体系。

焊接工艺的合理性：

母材的选用及焊接性能分析。

母材性能：

在 RCC-G(86)《法国压水堆核岛设计和建造规则》中，对密封衬里用板的材料特性计算如下：

材质：根据标准 NFA36-205 选用 A42.AP，并作如下补充：

最低弹性应力（σ_E）：255 MPa。

平均弹性应力：320 MPa。

弹性模量：210 000 MPa。

泊松比：0.13。

热膨胀系数：$12\times10^{-6}/℃$。

导热系数：45 W/(m·℃)。

比热容：500 J/(kg,℃)。

与 A42.AP 相近的可选用母材有

国产：20HR，20 g；

欧洲标准：P265GH。

岭澳一期采用 A42.AP。岭澳二期和秦山二期扩建的安全壳钢衬里板材质为 P265GH。

相应板材的化学成分和机械性能见表 5-3。

表 5-3 母材化学成分(质量分数)(%)

材料名称	C	Si	Mn	P	S	Cu	Mo	Ni	Cr	V
A42.AP	0.11	0.20	0.64	0.007	0.004	0.01	0.02	0.01	0.00	0.002
A42.AP/Z35	0.158	0.26	1.04	0.014	0.024	0.013	0.012	0.026	0.024	0.01
P265GH	0.133	0.209	1.04	0.018	6E-04	0.022	0.002	0.018	0.020	0.001
P265GH/Z35	0.137	0.207	1.04	0.014	6E-04	0.011	0.001	0.014	0.017	0.001

六、预埋件与二次钢结构施工

（一）预埋件的施工

预埋件作为设备、工艺管道与建筑结构的连接界面,在核电站核岛厂房中大量应用。主要分钢板、套管和特殊埋件三大类。这些预埋件规格众多,形状各异,分别预埋在各厂房的混凝土基础、墙、柱、梁、板及安全壳筒体、穹顶中,有不少质量较大,结构较复杂,制作安装难度较大。

其中钢板类有 30 多种。最大规格 1 500 mm×1 500 mm,质量 750 kg;套管类分钢套管和水泥石棉套管。特殊埋件大部分由安装承包商提供,预埋在混凝土中与以后安装的设备配套使用,规格虽相对较少,但安装精度要求高,地位很重要。

1. 预埋件的制作

预埋件的制作主要在车间进行,所有从事制作的人员必须经过三级安全入场培训。特殊工种必须取得相应的国家上岗资格证和核电站焊接考试委员会的上岗资格证。

预埋件一般采用国标 Q235B 的钢材,所用锚筋一般为圆钢。所有制作预埋件所需的原材料必须符合相关技术规范的要求,并经现场试验合格。预埋件所用焊钉机械性能应符合下列要求：400 MPa ＜ Rm ＜ 550 MPa（Rm 为极限抗拉强度）；Rp(0.2%)≈380 MPa(Rp 为屈服抗拉强度)；Amin≥15%（A 为延伸率）。

预埋件加工所需的焊材应符合 RCC－M/S2000 规定或与其等同的中国标准 GB/T5117－1995 规定的 E50 型焊条,应有相应的质保文件,质保书中应包括熔敷金属的化学成分和机械性能。焊材外观检验应包括外包装、内包装、焊条外观(药皮有无脱落、偏心情况)、规格、质量证明文件、检验结果应符合 GB 50205－2001 的要求。

预埋件的制作主要包括：放样、号料、切割、制孔和扩孔、组装、修补和矫正、检测、油漆、放样、号料应仔细认真,并熟悉图纸以防发生错误。

预埋件的切割主要采用氧割、机切、冲模落料和锯切等方法。对于厚度小丁 16 mm宽度不大于 2 m 的板材,采用剪板机剪切或热切割,其他钢板采用热切割。

预埋件的制孔、扩孔和组装应严格按照相关施工图的要求进行。

预埋件的焊接是预埋件制作中最重要的一个施工环节。首先焊材应存放在加热和干燥的保温筒内.保证湿度不大于 60%,数量不得超过半个工作日的使用量,存放时间不得超过 4 h,逾时应更新烘干,重复烘干的次数不应超过两次。待焊表面必须干燥,并不得在潮湿面上焊接。在环境温度低于－10℃时。则不允许进行焊接。焊件的温度应至少保持在＋5℃。所有的焊接作业都应避免在恶劣的气候环境下进行，不允许在风口处和电风扇直吹的状况下进行焊接。焊接前应对待焊接面进行预热，预热时应均匀加热，并用红外线测温仪对温度进行检测。主要的焊接方法有手工电弧焊、CO_2 气体保护焊。

预埋件的检测主要包括：每条焊缝的外观检查、焊缝的 5‰进行液体渗透检验、钢筋与板的焊接的 1‰做破坏性拉伸试验（至少 2 根）。

预埋件不接触混凝土的外表面要进行油漆，边缘和内表面处 50 mm 宽范围内不允许油漆，其他部位在交货时应无油漆。油漆前应喷砂处理，要求核污染区内的喷砂处理为 SA3 级，核污染区外的喷砂处理为 SA2.5 级。

2. 预埋件的安装

预埋件的安装过程主要包括：放线、定位、挂标识牌、埋件就位、安装、校正、固定。

核岛厂房预埋件主要包括预埋在混凝土墙体（包括柱）、平台板（包括梁）上及部分特殊预埋件三大类，由于预埋件种类繁多，安装部位各异。因此，实际施工中需根据预埋件的不同型号、安装部位，确定具体的安装方法。

（二）二次钢结构的施工

1. 核电站二次钢结构

百万 kW 级压水堆核电站二次钢结构工程繁杂，分布位置广泛，基本上是按房间进行划分，子项很多。核岛厂房内所有二次钢结构及建筑铁制品约为 3 000 t。

（1）结构类型

① 一个由梁、柱组成的钢架。柱子通常用螺栓锚固在混凝土结构上，为了保证安装、正常运行和维修期间的稳定而加有支撑。该类结构主要用于操作、维修平台、走道和设备支撑，如 RX 和 WX 厂房内部的许多环形平台。

② 单向布置和双向布置梁形成一个支撑体系，以支撑屋面、楼面和通道，操作和维修平台以及设备支撑。这些梁通常焊在预埋钢板或牛腿上，或用螺栓固定在混凝土结构上。

③ 楼梯间的楼梯斜梁、柱以及支撑，这些楼梯连接不同的混凝土楼面和钢平台，如分布在许多厂房内的钢爬梯。

④ 与管道支架连接或支撑管道的牛腿。

（2）工程特点

① 二次钢结构主要材料包括：进口 HEtA、HEB、IPE、UPN、UAP 型钢；国产槽钢、角钢、扁钢、钢板、镀锌钢格栅、花纹钢板、高强螺栓、膨胀螺栓、普通螺栓等。进口

型钢材质多为 E24.2、E24.3、E36，国产材料多数为 Q235B。由于进口 HEA、HEB、UAP 型钢与国产型钢截面尺寸相差很大，对连接部位节点详图进行修改后，材料方可以国产化。

② 平台与墙上的预埋板、平台之间梁及平台间的支撑、平台与柱子、柱子与混凝土地面等采用类似的连接形式，有许多通用的节点详图。

③ 由于图纸上只是简单标注整体尺寸和节点号，在制作前期，需要做大量的技术准备工作，即二次设计，才能使车间制作工作顺利进行。

④ 在现场安装阶段，垂直和水平运输因受现场大部分房间交叉作业的影响，运输空间受到限制，机械运输非常困难，大多采用人工运输。

⑤ 由于混凝土浇筑的误差，现场安装时，要配合房间的现有尺寸，同时由于安装公司在管道和设备的安装过程中因接口原因与钢结构冲突，造成后期有大量的修改工作。

⑥ 二次钢结构工程量大，分布地点散，工期紧，安装环境比较恶劣。

2. 施工准备工作

（1）二次设计基本方法——车间制作图绘制

利用电脑制图软件（如 AutoCAD），根据设计简图中的结构定位尺寸，按 1∶1 的比例在电脑中定位绘制每个构件的大样图，并标注定位尺寸，根据各个构件相连的节点详图和定位尺寸，细化每个构件，从而得到足够详细的、施工班组可直接用于加工制作和安装的构件尺寸。若出现定位尺寸冲突时，向设计单价提交澄清或变更申请。

（2）车间制作图的内容

① 结构大样图要求用于车间预拼装放样，并指导现场安装放线、定位和组装。图纸必须标注每个构件的识别编号、节点编号、构件编号、规格型号、材质、外形尺寸、构件数量、单件质量、总质量、详图所在车间制作图的编号等内容。

② 节点详图，除须注明原设计给出的节点详细构造图以外，还需给出二次设计的节点详细构造图，以及节点所涉及材料（节点板、螺栓等，与大样图中材料不要重复）的明细表，包括节点编号、节点数量、材料编号、规格型号、材质、数量、单件质量、总质量等。

③ 具体构件详图，能够直接指导下料，并标注构件上与其他相连构件处的节点。

④ 必要的施工说明和技术要求。

3. 现场安装基本流程

平台柱子、主梁安装→平台次梁、斜撑安装→螺栓的紧固→爬梯的安装→栏杆的现场安装→钢格栅的现场安装。

（三）预埋件与二次钢结构的质量保证措施

预埋件种类单一,结构形式简单,前期相关试验合格后即可批量生产,并可对最终产品抽样进行破坏性检验,以验证其质量;二次钢结构在核电站建造中属于后期装修工程,因其各构件处于厂房车间内,与房间内设备和周围环境(地面、墙体颜色等)协调一致,其最终的外观质量(装饰性)要求高。

按照设计文件要求,预埋件质量保证等级分为 QA3,QANC 级,二次钢结构质量保证等级分为 QA1,QA3,QANC 级。根据不同的质量保证级别,可分别制订施工中不同的工艺方法、质量控制措施以达到各自的质量目标,符合设计文件要求。现重点描述预埋件 QA3 级和二次钢结构 QA1 级施工过程中的质量保证措施。

1. 施工技术文件控制

需控制的施工技术文件包括(但不限于):设计文件、规范(如图纸、变更等),施工方案、加工文件(加工计划、车间制作图纸等),质保文件(管理、工作程序,供应商评审记录等),检验和试验记录(NDT 报告、测量报告等),采购文件(主材的采购合同等),施工质量记录。

（1）文件的编制、审核和批准的要求

按照设计文件编制相应的工作程序、施工方案作为施工的指导性技术文件,或作为采购文件的技术要求,并按规定统一格式、编码等;必须由具有相关施工经验或专业知识的技术、管理人员制订,必须明确说明其适用范围(厂房或用途等)、相关分工的责任人员等;施工方案类技术文件还须说明所使用的设备、材料和工艺流程,并对流程中的每一步骤进行详细的技术说明,要求具有可操作性。

由技术主管审核,专项负责人批准。必要时提交业主审核、批准。

（2）文件的分发、状态、变更管理

文件由专项负责人确定签发范围和数量,接收人员签名登记。建立文件分发清单,注明文件版本、发放日期,保证文件持有人和工作现场的文件的有效性。

建立适用文件清单,便于索引查找,注明文件的状态、版次,并分发到相关人员,定期检查,防止使用过期或无效版本的文件。

变更或升版文件应由原编、审人员进行,说明变更原因,并及时分发到相关人员手中,原旧版文件应销毁或标识。

2. 二次设计控制

主要是二次钢结构车间制作图的绘制。根据业主提供示意简图和功能要求,需进行二次设计,绘制车间制作图,以简化施工难度,减少车间班组识图难度和工作量,保证和提高施工质量和施工效率。

七、油漆施工

由于核电站周围海洋大气下腐蚀的环境和核电站油漆抗 LOCA 性能、抗辐射性能及可去污的特点,决定了核电站特有的涂层和现场涂装的技术要求。车间采用流水线喷砂、喷漆技术,表面涂装采用了除湿、循环热风管道系统、燃气加热系统,丸尘分离系统,旋风除尘及布袋除尘系统。

在核电站建造时期,一般采用环氧树脂涂料进行防腐,环氧树脂涂料有很好的容忍性、附着力大、兼容性好、耐水性好的特点。只有选用合适的涂层配套和严格的涂装工艺过程管理,才能有效地防止腐蚀。

(一)腐蚀类型和控制方法

根据腐蚀介质划分,核电站的腐蚀类型主要有以下几种:大气腐蚀,海水腐蚀,与一回路、二回路介质接触的腐蚀,与常规岛、核岛设备冷却水接触的腐蚀,盐酸及其盐雾引起的腐蚀,潮湿环境下的腐蚀,土壤腐蚀以及运行维修期采用去污溶剂清洁表面时可能腐蚀等。以上的腐蚀类型均属于电化学腐蚀。

针对核电站的腐蚀种类和特点,主要采用的控制腐蚀的方法有:涂料涂层防腐、内衬、阴极保护技术等。

(二)油漆涂装的控制

1. 基层的表面控制

(1)金属表面。必须在车间进行喷射除锈且不影响金属硬化,表面预处理清洁度应达到 Sa2.5 或 Sa3 级。一般来说最佳粗糙度为略低于整个涂层系统漆膜厚度的 1/3。

(2)混凝土表面。平直度 2 m 之内最大空隙不超过 7 mm;0.20 m 最大间隙不超过 3 mm。表面空隙必须小于 1 cm^2,且深度小于 5 mm 时,且不得有露筋现象。

任何基层必须无浮屑、油污、灰尘及其他的有害物质。

2. 施工的环境控制

空气湿度、相对湿度和底材温度同样会影响最终的涂装结果。通常基层表面温度要至少高于露点温度 30℃。气候条件的检查控制包括:环境空气温度、基层表面温度、相对湿度(%)和露点温度。

3. 涂装施工

高压无气喷涂是进行重防腐和高黏度涂料施工最常用的方法,利用高流速和高压力使涂料雾化,具有生产效率高、漆膜质量好等优点,适合大面积施工。

为确保漆膜厚度且防止漏涂,规定每道涂层的颜色与上一道的有明显差异,同时颜色必须是开始涂层暗至完工涂层淡。

4. 钢结构油漆施工

钢结构的油漆施工分为在预制车间和现场进行两种,都有其不同的特点和要求。车间内进行表面处理更为方便,它可以有效地利用自动化的生产设施来提高生产效率。车间内进行涂装,可以有效地进行环境控制,并能全年度地处于工作状态;温度和相对湿度得到了控制,防止喷砂时的返锈,照明好,提高生产效率和工作质量;不会受到风力的影响而产生过喷涂等现象。

对于边、角、焊缝、切痕等部位,在大面积涂覆前应先涂刷一道,以保证这些部位的漆膜厚度。在组装过程中需要焊接的接口部位 100 mm 内不涂装涂料,需要采用适当的方式进行临时的保护。

5. 混凝土面油漆施工

混凝土浇筑后至少需要 28 d 的充分养护,表面干透,达到含水率要求后才能进行表面处理。处理前对混凝土含水率要进行检测,一般含水率不大于 6%,同时用 PH 试纸检查 pH 值不大于 9。

由于现场湿度大,施工条件较差,应保证足够的通风条件,以利于漆膜中水分的挥发。同时,增加环境的温度有利于水分挥发。所以,现场使用抽风机等设施也是必须的。

6. 涂层修补

为保证漆膜的质量,所有涂层上的缺陷都应进行修补,主要的涂层缺陷有机械或焊接造成的缺陷和涂装过程中造成的缺陷两种:

(1)机械或焊接造成的缺陷的修补。这种缺陷主要是由于机械碰撞、焊接等对已经涂装完毕的涂膜造成的损坏,需要进行相应的底材处理和补漆。

(2)涂装过程造成缺陷的处理。在涂装中会由于操作不当而造成的漆病,从而会影响涂膜的外观和防腐效果,因而对这些漆病也必须进行修补。

（三）附着力测试

涂层间或涂层与底材间良好的附着力可以大大提高涂层系统的使用寿命。涂料的拉力强度取决于涂料本身。拉力破坏有两种：附着破损和凝聚破损。附着破损是发生在涂层间或第一道涂层和底材之间，凝聚破损是发生在单一涂层内部。很多情况下，涂层是由自身内部发生破损，所以涂料的凝聚性能相当重要。如果环氧涂料进行良好的表面处理，拉力强度可以达到 $5\sim10$ MPa，甚至更高。

按照涂装技术规格书要求进行拉力试验，拉力试验可按照相应的标准进行。拉力试验有多种仪器可供选取，测得值有所不同。进行试验前，将夹具放下，夹住试验柱，拉力数据调到 0 刻度处，然后施加力量，直到拉开漆膜，读取数据。

由于机械式拉开法测试仪在实际操作时，测试值不稳定，所以比较可靠的还是气动式或液压式的拉开法测试仪。

（四）见证板和参考面

在混凝土表面开始涂装前，先施涂面积大于 40 m² 的参考表面（有涂料供应商的技术人员在现场指导和验收），作为长久的参考面，以建立验收的参考标准。

为了核电站运行后涂层性能的评估，对用于反应堆的每种涂层系统采用与实际施工相同的条件和基底材料制备见证板。见证板尺寸为 200 mm×100 mm，混凝土表面见证板厚度为 40 mm，金属表面见证板厚度为 6 mm。见证板的数量为每种涂层至少 40 块，标记编号并在核电站运行后放在与该涂层系统对应的区域内。

八、现场变更与竣工文件

核电站在建设阶段对工程文件的管理和控制非常严格也非常重要。由于我国不同核电站引进的建造技术不一致，对工程文件的控制管理方法也有很大的不同，但对变更文件和竣工文件的管理基本相同。

（一）变更文件的管理

变更文件主要包括澄清要求（CR）、技术变更（TA）和现场变更申请（FCR）及业主公司发出的现场变更令（FCO）。

澄清要求：主要适用于对设计文件中相互矛盾或不清楚的问题进行澄清。需要澄清时采用 CR 单，澄清文件一般不会对设计带来影响。

技术变更：一般是对设计文件中的内容进行适应性修改而提交的变更文件，不会在原则上改变设计文件。

现场变更申请:因为需要对设计文件中的某些内容进行修改而提交的变更文件,修改结果将会使原有的设计文件出现改变。对施工单位 FCR 的回复要求业主以 FCO 的格式予以答复。

1. 变更文件的编制要求

变更文件的标题应简洁明了,应反映出所叙述问题的基本内容(厂房、标高、部位及相关问题)。变更文件的内容应详细、清晰,并尽量多采用原图的复印件,以利于问题的叙述。变更文件的附件应标注附件的页码、附件里所摘文件的编号和版次,在附件上应用云纹线标注出所述问题的位置和问题的内存。

2. 变更文件的标注要求

主管技术人员接收到相关的变更文件后在接收到的当天将相关内容标注在技术文件上,变更文件的标注应清晰明白,标注时应将技术文件的修改部位用云纹线圈好,并将更改内容尽可能近地写在云纹线附近。标注内容包括:变更文件的编号、变更的内容、修改人员的签名及修改日期等。

3. 变更性文件的接收和发放

变更性文件的接收和发放流程如图 5-18 所示。

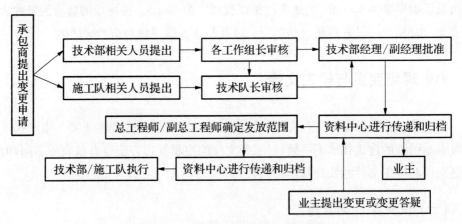

图 5-18　变更性文件的接收和发放流程

4. 变更性文件档案管理的要求

变更性文件的收发必须由收发人在发放记录本上签字确认。变更申请及答复由资料中心存档管理、接收文件时应由档案管理人员检查文件的充整性。每一变更申请答复应按照渠道号的顺序分别存档。

（二）竣工文件的编制和提交

竣工文件包括竣工图纸的编制和提交以及土建竣工状态报告（ECSR）、安装竣工状态报告（EESR）等竣工文件的编制和提交。

1. 竣工图纸的编制和提交

施工单位在工程完工后，应将施工期间产生的变更性文件（CR、TA、FCO、不符合项报告 NCR 等）按工程实际情况反映到电子版施工图纸上，即对业主提供的电子版文件进行升版和竣工状态制作。

2. 电子版图纸的修改要求

当电子版图纸有 8 个变更文件（CR/TA/NCR/FCO）与之相关时，或者在厂房完工证书签发后，需对电子版图纸进行修改后提交给业主。电子版图纸的修改要求主要包括以下几个方面：

（1）对施工图纸的修改，应在修改处用云状线圈起，其旁注明版次，用三角形内标注表示。

（2）对技术规格书的修改，应标在文件的边缘，被修改部分以竖线指明并在旁注明版次及变更文件号。

（3）在实际修改中，所列变更文件并没有影响图纸的修改，则在标题栏中用括号将变更文件括起，表示不需修改。

（4）电子版原件经修改后应做升版标识，即在原接收版本上增加 1 版，如接收版为 A0 版则升版后为 A1 版，B0 版升为 B1 版，依此类推；状态栏应根据升版情况标注，如竣工版则为 CAE 状态，PRE 为准备状态，CFC 为执行状态。

（5）在施工图纸、文件的封面上或标题栏中相应位置上注明修改后的版本、状态、修订日期以及修改者（绘图者）签字、审查者签字，并注明所有已采纳的变更文件编号。

（6）对已在图纸上做相应修改的变更文件，应在对应清单上的变更文件后加"D"以表示此文件已被修改。

（7）当与图纸有关的变更性文件无法表达时（变更部分太小，该图纸上不能表达，但可在另一张图上表达时），变更性文件的编号可在升版图纸的标题栏上用括号括起来。

（8）当一份变更性文件是对原则的改变并与许多图纸相关时，可将此变更引入有关的 BTS 部分中。

（9）如某图纸编号错误（变更单中的差错），应对受变更文件影响的图纸清单进行纠正。

(10) 对于钢筋文件,如整套图纸(钢筋图[SD]+钢筋表[MD])已做成升版状态,则 SD 和 MD 的标题栏均应以同样的方法修改(使用相同的变更性文件号、相同日期、相同的版次号)。

(11) 当一个变更不能直接在图纸上表达,但可在另外的文件(车间制作图、供应商图纸、装配图)上很好说明时,可将另外的文件附在原图之后,为避免混淆,可在两个文件的标题栏上分别注明文件的编号。

(12) 对于不断发展的施工文件(例如技术规范),一般是在收到变更文件后尽快修订,文件在工程结束时具有的最新版本,即确认为竣工版。

3. 传递

升版图经内部审查合格后,将已修改的图纸清单送交信息中心,信息中心通过正式渠道提交给业主,经业主代表进行现场审查给出答复合格后向业主提交。

(三) 土建竣工状态报告、安装竣工状态报告的编制和提交

1. 土建竣工报告、安装竣工状态报告的主要内容

土建竣工报告(ECSR)的主要内容包括:混凝土工程、堵洞、预应力、防水、安全壳试验、土建试验资料等。

安装竣工状态报告(EESR)的主要内容包括:碳钢衬里制作及安装、不锈钢衬里制作及安装、主要钢结构制作和安装等。

2. ECSR 和 EESR 的编码要求

ECSR 和 EESR 的编码按如下规则给出:
PL N XX YYY ZZZ TTTT 04GN

其中:PL 为核电站项目;N 为机组号;XX 为建筑物或构筑物代号,按 PK-ENG-203《厂房、构筑物、层位及房间标识总则》编码;YYY 为建筑物或构筑物内部细分,根据需要考虑;ZZZ 为移交号;TTTT 为发文者代号;GN 为设计说明书总称,04 为文件序号。

3. ECSR 和 EESR 的内容

ECSR 和 EESR 的内容由两部分组成,即 ECSR 和 EESR 描述和 ECSR 和 EESR 文件。

ECSR 和 EESR 描述主要包括下述内容:竣工工程描述、遗留项清单、施工过程

综述、"CAE"状态竣工图纸清单、ETF/QP 文件清单、总体合格证书、变更文件和不符合项清单、自行采购的物料及设备的文件清单、QSAR 文件等。

ECSR 和 EESR 文件主要包括：已经业主签署的 ECSR 和 EESR 描述、ETF/QP、制造报告、自行采购的物料及设备文档、其他必需的文件。

4. ECSR 和 EESR 的移交

移交过程按下列流程进行：

提交计划的编制和审查→记录文件的整理和移交→编制 ECSR 和 EESR 描述→向业主提交 ECSR 和 EESR 申请→ECSR 和 EESR 描述签字→按 ECSR 和 EESR 描述整理文件→原件装盒→复印及复印件装盒→制作电子版，向业主移交和内部归档，最终移交。

九、核清洁施工

根据法国压水堆核电站的建造标准（RCC—M）的相关要求，核电站的土建施工有一个极为特殊的工序，核清洁施工。其目的在于核电站运行前通过核清洁施工使核清洁区达到核清洁标准，给核辐射区和可能存在核辐射风险区域的工作人员提供清洁安全的工作环境。同时限制辐射剂量积聚和限制杂质进入回路中，避免造成设备功能下降、损害和过多沉积物。

（一）核清洁的施工范围

核清洁的范围包括核辐射区和可能存在核辐射风险的所有区域。岭澳核电站核清洁区域主要包括：

RX（核反应堆厂房）　　　　全部

NX（核辅助厂房）　　　　　全部

KX（核燃料厂房）　　　　　全部

WX（连接厂房）　　　　　　全部

ET（停堆用更衣室）　　　　部分

AC（热机修车间和仓库）　　全部

QA、QB（废物储存罐）　　　全部

QT（固体废物长期储存区）　全部

LX（电气厂房）　　　　　　部分

具体工作内容包括：对核清洁施工区域内的地面和楼梯、墙面、天花板、天窗、钢结构和钢格栅表面、洞口内表面、设备的支撑架内外侧、设备和仪表外表面等进行灰尘和杂质清洁、污染和油渍清洗、不锈钢氧化皮清除酸洗和钝化以及其他施工残留垃圾的清除等清洁施工。

（二）核清洁区施工的要求

核清洁区即对所需要进行核清洁的区域的总称。

核清洁区在进行核清洁施工中和通道验收后核清洁维护期间，需达到如下所述标准。

（1）有隔离。指该区域内有长期或临时的封闭区或增压封闭区，该隔离要能很好地防止外界污染并具有满足要求的清洁度。在核清洁区的地板革、塑料布和永久性的门窗都可起到有效隔离的目的。

（2）专用的工作服。操作人员必须穿着无纽扣和口袋全封闭的白色连衣裤，必须戴帽子和穿不起毛的干净的鞋或套鞋。参观者或非核清洁施工人员须穿白色连衣裤或工作罩衣及套鞋方可进入。

（3）空气过滤。增压封闭区的补充空气必须是洁净、干燥和过滤过的空气，其区域的通风系统必须是已经开始运作，且通风口送出的空气必须是干净的、过滤过的。

（4）严禁吸烟、进食、大小便和随地吐痰。

（5）防尘。隔离区内严格限制机械加工和可能产生灰尘的一切活动，如必须进行这类活动，则要安装收集和排尘系统，并采取有效的临时隔离措施。

（6）地面应光洁，墙面和天花板面本身的材料应难于产生灰尘。

（7）应有专人使用吸尘器、抹布等清洁工具对该区进行随时清理。

（8）必须采取恰当的设备防护措施，以保护设备免受重物下落的撞击。对堆坑等敏感、重要构件，现场必须有必要的防护措施。

（9）人员进出口应设立警卫，查验证件、保管衣物和鞋套。

（三）核清洁施工前的准备工作

1. 确定需要进行核清洁的厂房和房间号

并不是每个厂房所有的房间都必须达到Ⅰ级清洁区的标准，需要在每个厂房进行核清洁施工前由业主和设计院根据核污染区的分级等未来核电站运行期间的具体要求来决定需要进行核清洁施工的厂房和房间号。

2. 编制核清洁施工计划

该计划应根据核电站的施工目标日，结合核清洁施工所需的时间来进行编制。如在反应堆厂房装料前，与该系统有关的所有区域核清洁应已施工完；在反应堆厂房进行安全壳打压试验前,反应堆厂房的核清洁应已完成;在核燃料进场前,核燃料的储存地应已完成核清洁。同时,该计划应包括在核清洁施工期间对人力资源量的充分估计。

3.清理土建、安装施工尾项、编制详尽可行的房间移交计划

在核清洁施工前,核清洁区的土建、安装施工尾项应已大部分完成,尤其是那些要进行打磨、钻孔、焊接等有污染的施工尾项,须在核清洁施工前完成。

房间的移交计划应根据核清洁计划和现场实际进行编制,必须详尽可行。施工尾项应结合房间计划一起来统计完成。

4.清洁剂化学成分鉴定,并报业主审批

在法国压水堆核电站的建造标准中,规定了清洁剂和包装材料中硫、磷、氯化物等为有害物质。其含量要求如下:

(1) 氯含量<0.25%。

(2) 卤素含量为 25ppm 以下。

(3) 其他易分解的(Cd、Sb、Cu、S、P、Zn、Hg、Sn、Bi、K、Na、As 等)物品也严禁接触。

5.编制施工方案、程序等执行文件

施工方案应是对特定区域施工组织、施工方法和施工技术的详细要求。

6.提交各项材料采购计划

材料计划应包括:脚手架钢管、跳板、铝合金操作平台、铝合金梯子、洗衣房设备、工作服、吸尘器、白棉布、抹布和清洁剂等。

7.人员的培训

考虑到核清洁工作的重要性和敏感性,所有参加核清洁施工的人员都必须是已经过培训的合格人员,培训内容包括:

(1) 核清洁施工的概念和目的。

(2) 设备的保护。

(3) 安全消防知识。

(4) 现场操作技能。

培训应以课堂学习与现场操作实践相结合,时间不少于 16 h。培训完成后,参加培训人员必须经过闭卷考试。考试合格者才予以发证上岗。

（四）核清洁的施工

1. 主要施工顺序

对于一个区域,遵循自上而下、相对独立的原则。

其施工顺序为:对该区域地面、通道进行初步清扫→对门窗、洞口进行封闭、隔离→室内设备检查和临时防护→脚手架搭设→核清洁施工→检查验收→核清洁维护。

2. 清洁剂的使用范围

岭澳核电站现场所使用的清洁剂包括:洗洁精、无磷洗衣粉、高纯度丙酮、高纯度酒精等。洗洁精用于所有油漆面、塑胶面的除油、除垢。无磷洗衣粉用于清洁衣物、抹布及其他消耗性材料。高纯度丙酮用于不锈钢、保温外壳、电梯门等外表的除油、除垢、除胶,严禁用于电缆外表。高纯度酒精用于无油漆覆盖的金属外表的除油。

3. 一般表面的清洁

天棚、墙面、地面等油漆面的清洁:吸尘器吸一遍→湿抹布抹一遍→干抹布抹一遍→干白棉布擦至合格。

设备、管线等有油漆或塑胶覆盖的外表面:吸尘器吸一遍→毛刷刷一遍(细小部位)或湿抹布抹一遍→干抹布抹一遍→干白棉布擦至合格。

对部分狭窄、隐蔽的部位。清洁施工前可用吹气工具吹出里面的灰尘或杂物后再按常规方法进行清洁。

4. 不锈钢外表面的清洁

（1）清洁原则

在核电站内,不锈钢的管道、设备、水池较多,考虑到不锈钢材料的特殊性,对其进行清洁时应遵循以下原则:

① 不可用任何铁制构件直接接触不锈钢外表。

② 清洁时,所使用的水必须是经过处理的除盐水。

③ 只准使用专用的清洁剂,严禁使用任何未经允许的清洁剂清洗不锈钢外表面,岭澳核电站准许使用的不锈钢清洁剂是高纯度丙酮。

（2）不锈钢管道、设备部件的清洁

对其表面灰尘、杂物,应用吸尘器吸一遍→普通湿抹布擦一遍→干白棉布擦至合格。

对于不锈钢外表面的水泥浆、油漆等杂物和小面的锈蚀，可先用不锈钢铲刀铲除表面锈斑，再用砂轮机配铝基砂轮片进行打磨，打磨后进行酸洗、钝化处理。

（3）不锈钢水池的清洁

① 水池底部用吸尘器吸一遍→水池底部湿抹布擦一遍→水池池壁用除盐水冲洗一遍→整个水池湿棉布擦一遍→整个水池干白棉布擦至合格。

② 对于不锈钢外表的水泥浆、油漆等杂物和小面的锈蚀，可用不锈钢铲刀铲除，再用砂轮机配铝基砂轮片进行打磨，打磨后进行酸洗、钝化处理。上述操作应在水池进行整体冲洗前进行。

③ 对于水池底部大面的锈蚀可采用浸泡法处理，但在施工前必须征得业主的允许。施工时先将水池底部进行初步清洁，对于老锈斑外表面可先尽量用不锈钢铲刀铲除，然后加入酸洗液（20％硝酸液浓度）进行整体浸泡，一般浸泡时间为 8 h，以锈斑与酸液完全反应为标准。浸泡达到要求后，将酸液进行收集，并用除盐水对残液进行冲洗、冲洗后用 pH 以纸进行检测，pH 值为 6～8 时为合格。上述操作可在水池整体冲洗清洁后进行。

④ 不锈钢外表面的油污可使用丙酮进行擦拭，然后用除盐水进行清洗。

5. 电缆槽和电缆线的清洁

对于电缆槽，已有封盖的电线槽内的电缆不必进行清洁。只需将电缆槽外表面进行清洁即可。

对于电缆线在清洁前应注意观察其外表是否有破损、橡胶老化、脱线等情况，如果发现应及时汇报等待处理。在清洁时，对单根的电缆可用抹布直接擦拭，对成束电缆如果已经捆扎好，不必解开捆扎带，用抹布对其表面和能擦到的缝隙进行清洁即可。对电缆外表面的油污可用抹布蘸洗洁精擦拭。擦拭完成后，用拧干的湿抹布擦拭，最后用干白棉布将电缆擦拭至合格。清洁过程中，严禁用腻子刀、铁丝等尖锐的物体刮、铲电缆外表，严禁对电缆进行清洗、浸泡。

6. 电机、通风房等有危险性的设备和区域的清洁

对于这些部位，在清洁施工前应首先与业主设备管理方取得联系，申请办理隔离工作票，并得到在施工期不会启动设备的承诺。在清洁施工前应结合现场实际向清洁施工人员进行技术安全交底，对设备内部构件，严禁用铁丝、抹布进行通捅。施工完成后，应检查抹布等工具是否有遗漏，并锁好门以防他人进入。

7. 精密设备、仪表的清洁

核电站内有许多精密设备、仪表，在进行该部位清洁施工前，应要求业主组织设

备管理方、安装方的专业人员向清洁工人说明设备清洁施工时的注意事项,并成文之后,由业主、安装、土建方共同签字。在清洁施工前结合现场实际向清洁施工人员进行技术安全交底,采取合适的设备保护措施。清洁施工完成后.应及时通知业主、安装方来进行检查、以防留下隐患。

8. 除油

对于核清洁区的油污,应先确定其是否是保护油和润滑油。对于吊车钢缆、螺栓、设备传动装置等涂有保护油或润滑油的外表,一般用吸尘器对表面灰尘杂物吸一遍或用干抹布轻擦一下即可。如必须要求清除,油漆面可用抹布蘸清洁剂进行擦拭,金属面应使用干白棉布蘸高纯度酒精擦拭。清洁完成后,必须及时通知业主,由其安排相关部门重新涂抹或加注油料。

9. 核清洁的维护

核清洁区验收合格后,该区自动进入核清洁维护状态,其要求同 I 级工作区要求。维护时间为各厂房每个房间核清洁验收通过起 4 个月。

在维护期内,每一定数量的房间安排 2～3 人用吸尘器、抹布、水桶等工具按常规方法进行清洁,保持区域的清洁度。

维护范围包括核清洁区的所有通道、房间地面及人在不借助工具状态下所能触及的设备、管道、墙面等。

(五) 质量保证措施

(1) 核清洁的检查过程和方法如下。

① 检查过程:施工人员自检→班长检查→工长、技术员检查→施工方质检员检查→业主检查验收。

② 检查方法:

一般表面:用白布擦拭物件表面,白布表面用肉眼观察无污迹,物件表面无污迹、无施工残留物,即为合格。

不锈钢外表面:用白布擦拭物件表面,白布上肉眼观察无污迹即为合格;物件表面应无污迹,无施工残留物,有疑问的区域还可利用放大镜观察。也可采用喷雾法,即在表面喷洒滴状蒸馏水,应形成一连续水膜为合格。

(2) 在核清洁施工过程中,要求所有人员必须小心谨慎、认真施工,不能放过任何一个细小环节。

(3) 对施工中发现的土建或安装施工遗留项,应及时上报,得到批准后才可进行处理。

（4）对于构件表面确实无法清除的施工残留物，经相关负责人批准后采用油漆修补的方法处理。

（六）安全保证措施

（1）脚手架施工时的设备保护措施如下。

① 入场前，应将钢管、扣件、跳板等施工材料清理干净，表面无杂质、无油污。钢管两头应缠上布或海绵条。对敏感设备应预先做好临时保护。对大型设备如堆芯采用整体屏蔽保护，对小型设备一般采用胶合板等材料进行覆盖保护。

② 在运输钢管的过程中，要小心谨慎，轻拿轻放，严禁钢管或其他含铁工具直接接触设备和不锈钢衬里、管道。钢管存放区应先垫好隔离物，严禁直接与地面油漆接触。

③ 用铁丝把钢管架和墙上的支架拉连时，拉结面应用布包裹，以免破坏油漆。立杆和地面间应有隔板隔开。

④ 施工过程中，施工人员必须戴好安全帽、手套、安全带等防护用品。钢管、扣件吊运过程中，一定要设立警戒线，非加工人员严禁入内。施工中，严禁抛掷工具。所佩工具如扳手等应用绳子系在手上或皮带上，以防跌落。

（2）在核清洁施工过程中，严格要求工人不准踩踏设备、管道，不准随意开启、关闭设备，不准随意移动设备部件，禁止旋动任何阀门、扳手等。如确实需要使用现场设备，需经过现场管理人员协调同意后，才可进行。

（3）现场施工人员应配备足够的安全防护用品，包括（但不限于）：安全帽、工作服、安全鞋、防护口罩、防护眼镜、安全手套、安全带等。

（4）施工中将接触到大量的化学溶液，在使用这些化学溶液中应防止皮肤直接暴露在外面，并配备必要的防护手套、防护眼镜等，尤其要防止化学溶液溅落到眼中。

（5）酒精、丙酮等均为易燃品，其存放仓库和现场施工时都要小心谨慎，防止烟火，并配备足够的与其化学性能相匹配的灭火器。

（6）在施工过程中，所有进入施工现场的机具都必须经过二次包裹，防止机具破坏设备和结构油漆层。

（7）进入每一个新的区域都必须先熟悉环境，辨别该区的危险因素，并及时采取相应措施。

（8）在施工现场，将使用大量的电器设备，在使用过程中应防止发生触电漏电事故。严禁将插座、电缆直接放在地面或悬挂在金属构件上。

（9）现场将使用大量的清洁用水，所有水的使用必须用专用的容器盛放，使用完后的污水必须倒入指定的排水口。

参考文献

1. 赵刚.中国科学报[J].能源周刊,2012-11-01 B3.

2. 周全之.世界核电发展概况及趋势[J].大众用电.

3. 王毅韧.我国核电的现状与发展[J].国防科技工业.

4. 谢亦驰.AP 1000:最安全的核电技术[J].中国电力教育.

5. 洪景丰.核电站设计中的地震分析概要[C].第八届全国反应堆结构力学会议1994.8.

6. 郭文骏.初步可行性研究报告与项目建议书[M].原子能出版社,2003.

7. 胡文泉.岭澳核电站厂址选择[M].北京:中国原子能出版社,2003.

8. 景继强,栾洪为.世界核电发展历程与中国核电发展之路[J].东北电力技术,2008(2).

9. 杨旭红,叶建华,钱虹,薛阳.中国核电产业的现状及发展初探[J].上海电力,2007(6).

10. 邹树梁.中国核电经济性分析[J].南华大学学报:社会科学版,2009(2).

11. 祁恩兰.中国核电发展的问题研究[J].中国电力,2005(4).

12. 叶奇蓁.中国核电发展战略研究[J].电网与清洁能源,2010(1).

13. 杜国功,杜国用.中国核电产业发展的战略思考[J].山东经济,2009(3).

14. 戴彦德.核能应成为能源发展主流[J].绿叶,2005(08).

15. 彭士禄.核能是能源可持续发展的希望[J].世界科技研究与发展,1997(04).